Holger J. Schmidt (Hrsg.)

Internal Branding

Holger J. Schmidt (Hrsg.)

Internal Branding

Wie Sie Ihre Mitarbeiter
zu Markenbotschaftern machen

GABLER

Bibliografische Information Der Deutschen Nationalbibliothek
Die Deutsche Nationalbibliothek verzeichnet diese Publikation in der
Deutschen Nationalbibliografie; detaillierte bibliografische Daten sind im Internet über
<http://dnb.d-nb.de> abrufbar.

1. Auflage 2007

Alle Rechte vorbehalten
© Betriebswirtschaftlicher Verlag Dr. Th. Gabler | GWV Fachverlage GmbH, Wiesbaden 2007

Lektorat: Manuela Eckstein

Der Gabler Verlag ist ein Unternehmen von Springer Science+Business Media.
www.gabler.de

Umschlaggestaltung: Nina Faber de.sign, Wiesbaden
Satz: Fotosatzservice Köhler GmbH, Würzburg
Druck und buchbinderische Verarbeitung: Wilhelm & Adam, Heusenstamm
Gedruckt auf säurefreiem und chlorfrei gebleichtem Papier
Printed in Germany

ISBN 978-3-8349-0514-7

Meinem Vater und vielen anderen Unternehmern, die den Begriff „Internal Branding" nicht benutzten, die aber schon immer wussten, dass erfolgreiche Unternehmen über begeisterte und motivierte Mitarbeiter verfügen.

Vorwort

Als der Gedanke zu diesem Buch aufkam, war ich noch selbstständiger Markenberater, der oft daran verzweifelte, dass in vielen Unternehmen trotz aller Lippenbekenntnisse die Marke vor den Herausforderungen des Tagesgeschäfts kapitulieren musste. Denn am Ende waren es immer wieder die aktuellen Ereignisse, denen mehr Aufmerksamkeit gewidmet wurde als dem wichtigsten Schatz eines Unternehmens: seiner Marke. Heute, als Geschäftsführer, der sich in einem internationalen Konzernumfeld behaupten muss, weiß ich jedoch, wie schwierig es ist, seinen Prinzipien treu zu bleiben. Denn an jeder Ecke warten Verlockungen, die – falls man ihnen nachgibt – dazu führen, dass die Marke an Strahlkraft verliert, zunächst vielleicht kaum spürbar, später aber wohl kaum aufzuhalten. Allein, diese Verlockungen zu erkennen und ihnen zumindest mehrheitlich zu widerstehen, zeichnet eine markenorientierte Führungskraft aus.

Markenorientierung wird allerdings vielfach gleichgesetzt mit Marktorientierung. Und natürlich ist es das Ziel der Markenführung, die Marke für möglichst viele Kunden und potenzielle Kunden so attraktiv wie möglich zu machen. Dass dabei in vielen Branchen Kunden vor allem über das Mitarbeiterverhalten begeistert werden können, wird im Kontext der Markenführung zu selten und wenn, dann wenig systematisch, berücksichtigt. Dem Internal Branding als Erfolgsfaktor der Markenführung mehr Aufmerksamkeit zu verschaffen, ist das zentrale Anliegen dieses Buches. Dabei bin ich mir durchaus bewusst, dass manchen Lesern die fehlende Trennung zwischen Unternehmens- und Markenführung vermissen werden. Hat denn alles, was in einem Unternehmen getan wird, direkte Relevanz für die Marke? Und wo liegt denn die Unterscheidung zwischen der Unternehmenskultur und den zu lebenden Markenwerten? Dies sind nur zwei einer ganzen Reihe von Fragen, die sich in diesem Zusammenhang stellen.

Zumindest im Kontext von Unternehmensmarken scheint es mir angebracht, nicht zwischen Unternehmen und Marke zu unterscheiden. Im Kontext von Produktmarken, wie sie häufig im Konsumgüterbereich anzutreffen sind, mag diese Trennung sinnvoll erscheinen. Für diese Branchen ist das Konzept des Internal Branding wohl aber auch weniger relevant. Dort, wo die interne Markenführung von hoher Bedeutung ist, wie beispielsweise im Dienstleistungssektor oder in anderen Branchen, in denen eine enge Beziehung zwischen Anbieter und Nachfragern besteht, sind Unternehmen und Marke zumeist identisch. Wenn Unternehmen und Marke allerdings identisch sind, müssen meines

Erachtens auch die Markenwerte zum zentralern Anker der Unternehmenskultur werden. Den ein Nebeneinander unterschiedlicher Werte und Kulturen ist kaum denkbar. Dabei wäre es durchaus möglich, dass manches auf den folgenden Seiten zitierte Beispiel durchaus auch in ein Fachbuch über Change Management, Organisationstheorie oder Mitarbeiterführung passen würde.

Die Ausführungen stützen sich auf die Vorarbeiten renommierter Autoren und Wissenschaftler, wie etwa Klaus Brandmeyer, Heribert Meffert, Christoph Burmann, Gerd Gutjahr, Torsten Tomczak oder auch Franz-Rudolf Esch. Das Ziel dieses Buches ist es, die grundlegenden Wirkungsmechanismen der Markenführung und des Internal Branding einer breiten Öffentlichkeit leicht verständlich zugänglich zu machen. Insbesondere die Fallstudien im Teil B sollen darüber hinaus aufzeigen, welche (manchmal ungewöhnlichen) Wege Unternehmen beschreiten, um ihre Marke nach innen zu stärken, und somit durchaus auch zur Nachahmung anregen.

Da sich das vorliegende Buch in erster Linie an Praktiker und nicht an Wissenschaftler richtet, habe ich in den meisten Fällen darauf verzichtet, die verwendeten Literaturquellen im Text kenntlich zu machen. Am Ende dieses Buches findet sich aber eine ausführliche Literaturliste, in der alle Quellen genannt sind, deren Gedankengut für die Entstehung dieses Buches besonders wichtig waren.

Nun bleibt mir nur noch Dank zu sagen an diejenigen Menschen, ohne deren Verständnis und Mitarbeit dieses Buch nicht auf den Markt gekommen wäre. Da sind zunächst einmal meine Frau Michaela und meine beiden Söhne León und Louis zu nennen, die im Zuge der Recherchen und Manuskripterstellung so manches Mal auf mich verzichten mussten. Weiterhin bedanke ich mich herzlich bei meinem Mitarbeiter Oliver Winter, der mir noch aus den Zeiten meiner Markenberatung Monteverdi treu geblieben ist und der in der „heißen Phase" vor der Drucklegung vor allem die Kommunikation mit den Autoren der Fallstudien übernahm. Bedanken möchte ich mich auch bei Diane Pfaff und Hans Frings von der TNT akademie, die mein Manuskript sichteten und mir wertvolle Anregungen mit auf den Weg gaben. Und natürlich bei allen Autoren, die eine Fallstudie zu diesem Buch beigetragen haben. Die Arbeit war professionell und sehr spannend.

Ich wünsche Ihnen eine anregende Lektüre und – falls Sie die Geschicke einer Marke (mit)verantworten – viele Anregungen für Ihre eigene Markenführung.

Bonn, im September 2007   Dr. Holger J. Schmidt

Inhaltsverzeichnis

Inhaltsverzeichnis

Einführung

Horst Prießnitz

Bei all der Popularität, die das Thema Markenführung heute genießt, könnte man meinen, dass es sich um eines dieser Modethemen handelt, die so schnell wieder gehen, wie sie gekommen sind. Dies wäre jedoch ein Trugschluss: Die Frage, warum es Produkte und Dienstleistungen gibt, die über ihre originäre Funktion hinaus die Menschen in Form von Marken begeistern und mit Charaktereigenschaften, wie beispielsweise sympathisch, verantwortungsvoll oder auch authentisch, beschrieben werden, beschäftigte schon *Karl Marx* in seinem Standardwerk *Das Kapital*. Er wunderte sich, warum ein Tisch, der doch ein normales Gebrauchsgut sei, beinahe menschliche Züge annähme, sobald er in einem Ladengeschäft käuflich erworben werden könne. Die Faszination dieser Fragestellung hat uns bis heute nicht verlassen. Und folglich kann auch der Markenverband als Interessenvertretung der deutschen Markenartikelindustrie auf eine über 100-jährige erfolgreiche Geschichte zurückblicken. Die aktuelle Rückbesinnung auf die wertschöpfende Strategie „Marke" ist also keine Mode. Sie ist auf eine inhaltliche Neujustierung der Thematik zurückzuführen.

In den letzten Jahren hat sich die Markenführung als Disziplin deutlich verändert. Während früher vorwiegend die Frage, wie der Konsument durch kommunikative Aktivitäten zum Käufer werden kann, im Fokus der Markenverantwortlichen stand, ist dessen Aufgabe heute komplexer geworden. Markenführung soll ganzheitlich angegangen werden, was bedeutet, dass alle Anspruchsgruppen, also neben den potenziellen Kunden zum Beispiel auch Mitarbeiter, Lieferanten oder die Gesellschaft insgesamt, Berücksichtigung in den Markenstrategien finden sollen. Gleichzeitig sind es nicht mehr nur die Instrumente der Kommunikationspolitik, sondern auch personalpolitische, führungstechnische oder strukturelle Maßnahmen, die zu den Instrumenten der Markenführung gezählt werden.

Die inhaltlichen Veränderungen haben dazu geführt, dass sich immer mehr Unternehmen dem systematischen Aufbau und der Pflege der Marke widmen. Hierzu zählen viele B2B- und Dienstleistungsunternehmen, die früher der strategischen Markenführung eher skeptisch gegenüber standen. Auch sie haben erkannt, dass Marken, sofern sie denn professionell geführt werden, zu Werttreibern in ihren Unternehmen werden können. Die Marken können dazu beitragen, dem vielerorts selbst geschaffenen Preisverfall zu entkommen. Der deutschen Wirtschaft kommt dieser Sinneswandel entgegen, sind doch gerade die hier ansässigen Dienstleistungsunternehmen mit ihrem hohen Qualitätsanspruch und ihrer schöpferischen Kraft zum Motor der ökonomischen Entwicklung avanciert. Die Stärkung ihrer Marken wird diese Unternehmen nun zusätzlich befähigen, unbeirrbar den Weg in eine erfolgreiche Zukunft zu gehen.

Die Kraft der Marken kann in vielen Branchen jedoch nur entfaltet werden, wenn sich die Mitarbeiter mit „ihren" Marken identifizieren und markenorientiert handeln. Schauen wir beispielhaft auf die Serviceindustrie: So heterogen Touristikunternehmen, Bildungsanbieter, Transportdienstleister, Gastronomiebetriebe, Bankinstitute oder Unternehmensberater auch sein mögen, sie haben eines gemeinsam – der Mitarbeiter ist der Botschafter der Marke. Und nur überzeugte Mitarbeiter werden dem Kunden ein Markenerlebnis vermitteln, welches diesen nachhaltig begeistert. Da jedoch auch Dienstleistungen rund um das Produkt immer wichtiger werden, gilt dies in ähnlichem Ausmaß auch für andere Branchen.

Der Markenverband hat sich der aktuellen Diskussion nicht verschlossen: Seit einigen Jahren beobachten wir das „neue" Markenverständnis sehr genau. Um den Bedürfnissen von Unternehmen, die nicht aus der Konsumgüterindustrie stammen, Rechnung zu tragen, haben wir für diese neuen Zielgruppen Arbeitsgruppen eingerichtet, die das Marken-Know-how der Teilnehmer schärfen und einen gegenseitigen Austausch fördern – aber auch, um als breit aufgestellter Verband entsprechend zu lernen. Aus den oben skizzierten Gründen sind es in diesen Arbeitsgruppen vor allem Fragestellungen des „Internal Branding", die besonders intensiv diskutiert werden. Deshalb wage ich die Prognose, dass der Markenverband in den nächsten Jahren verstärkt Zulauf von Unternehmen verzeichnen kann, die wir noch gestern nicht zu den klassischen Marken zählten. Und dass somit einerseits die Markenführung als Forschungsdisziplin neue Impulse erhält, andererseits aber auch verstärkt als unternehmerischer Erfolgsfaktor zu managen sein wird.

Auch wenn das Internal Branding dort einen besonders hohen Stellenwert einnimmt, wo die Mitarbeiter in direkter Interaktion mit dem Kunden stehen, ist die innengerichtete Markenführung auch für der Konsumgüterindustrie keinesfalls unwichtig. So bekannte Marken wie *Coca-Cola*, *Persil*, *Jägermeister*, *Tempo* oder *Haribo* profitierten in der Vergangenheit von der hohen Identifikation ihrer Mitarbeiter mit den jeweiligen Markenpersönlichleiten. Starke Marken entstehen in allen Branchen immer von innen heraus, und niemals von außen nach innen. In diesem Sinne kann ich nur jedem Unternehmer raten, für sich einen Weg zu finden, seine Marke nach innen zu verankern. Wie ein erfolgreiches Internal Branding ausgestaltet werden kann, wird das vorliegende Buch aufzeigen.

Berlin, im September 2007

Horst Prießnitz
Hauptgeschäftsführer des
Markenverbandes e.V.

Teil A

Internal Branding: Grundlagen der innengerichteten Markenführung

Holger J. Schmidt

Kapitel 1

Zur Bedeutung und Rolle
der Markenführung

„Markenführung ist kein Kampf der Produkte,
es ist ein Kampf um die Wahrnehmung."
(Michael Brandtner, Associate Ries & Ries)

1.1 Was Marken sind und warum der moderne Unternehmer sie braucht

Marke, Marke, Marke – kaum ein anderes Thema konnte in den letzten Jahren derart viel Aufmerksamkeit in den Chefetagen der Großkonzerne auf sich ziehen wie die Markenführung. Selbst renommierte Führungskräfte wurden nicht müde, die Bedeutung der „Brands" für ihre Unternehmen herauszustellen. Und wer keine starke Marke besitze, so hieß es allgemein, habe in der Zukunft nur noch geringe Chancen auf unternehmerischen Erfolg.

Doch was sind eigentlich Marken? Es gibt zahlreiche Versuche, das Phänomen Marke sprachlich einzugrenzen, und mindestens ebenso viele Denkschulen der Markenführung. Durchgesetzt hat es sich jedoch, Marken als eine Art Nutzenbündel zu beschreiben. Dabei sind zwei Ausprägungsformen an Nutzen zu unterscheiden: der funktionale und der emotionale.

> Auf der funktionalen Ebene ermöglicht zum Beispiel ein Motorrad der Marke **Harley-Davidson** die Fortbewegung auf zwei Rädern, auf der emotionalen Ebene das Gefühl von Freiheit und Abenteuer. Auf der funktionalen Ebene bietet die Fluggesellschaft **Lufthansa** mehr Service und bessere Streckenverbindungen als so mancher Wettbewerber, auf der emotionalen Ebene das Gefühl, besonders sicher aufgehoben zu sein. Und **Heidelberger Druckmaschinen** liefern nicht nur hervorragende Druckergebnisse (funktionale Ebene), sondern auch die Überzeugung, eine Investition mit geringem Risiko getätigt zu haben.

Marken wären demnach alle Dinge, die nicht nur aufgrund ihrer Funktion geschätzt oder eben auch ablehnt werden, sondern gleichfalls wegen der mit ihnen verbundenen Emotionen. Das ist auch grundsätzlich richtig, wobei man natürlich nur dann von Marken spricht, wenn die Marke in ihren Märkten eine gewisse Resonanz erzeugt hat, sprich: wenn sich eine relevante Anzahl an Menschen bewusst oder unbewusst dieselben oder ähnliche Vorstellungen über den Nutzen der Marke gebildet hat. Diese Vorstellungen bezeichnet man gewöhnlich als Markenimage.

Images entstehen also in den Köpfen der Interaktionspartner der Marke, sodass sie stets etwas Subjektives beschreiben. Die imageorientierten Ansätze der Markenführung interpretieren deshalb Marken als persönliche Vorstellungen über Unternehmen oder Produkte. Diese Vorstellungen können viele unterschiedliche Elemente beinhalten, wie beispielsweise konkrete Markeneigenschaften, Bilder der typischen Markenverwender oder auch Vorurteile über deren Stärken und Schwächen. Aus der Imageperspektive sind Marken sozusagen Bilder in den Köpfen von Kunden, Mitarbeitern, Lieferanten und der Öffentlichkeit.

Diese Bilder entstehen jedoch nicht durch die Hand eines Zauberers, sondern aus direkten oder indirekten Erfahrungen mit den Anbietern der Marken. Direkte Erfahrungen werden bei der Verwendung der Marke, aber auch in der Vorkauf-, Kauf- und Nachkaufphase gewonnen, zum Beispiel durch die Werbung des Markenanbieters, das Verkaufsgespräch, das Lesen der Gebrauchsanleitung oder das Telefonat mit dem Kundenservice. Indirekte Erfahrungen basieren auf Erzählungen Dritter, auf Testberichten oder Beobachtungen von anderen, die die Marke nutzen. Die Markenanbieter sind also an der Markenbildung beteiligt: Mit ihren Vorstellungen über ihre Marke und den hierauf beruhenden Handlungen beeinflussen sie das Markenimage, ja machen die Entstehung eines Images überhaupt erst möglich. Diese Überlegungen führten zum identitätsorientierten Ansatz der Markenführung, der die Markenidentität, also die Vorstellung der Markenanbieter, wie die Marke zu sein hat, in den Mittelpunkt seiner Überlegungen stellt.

Das identitätsorientierte Markenmanagement geht über die einseitige Fokussierung auf die Absatzmärkte und die entsprechenden Instrumente der Kommunikationspolitik weit hinaus. Hierdurch entsteht gegenüber den imageorientierten Ansätzen ein Paradigmenwechsel: Das durch die Märkte erlebte Markenimage steht nicht mehr allein im Zentrum der Analysen und Maßnahmen. Basierend auf den Grundgedanken des integrierten Marketings berücksichtigt der identitätsorientierte Ansatz der Markenführung alle Stakeholder der Marke, wie etwa Mitarbeiter, Kunden, Lieferanten und die Gesellschaft. Alle markenbezogenen Aktivitäten sind im Sinne einer Ganzheitlichkeit der Markenführung über Funktions- und Unternehmensgrenzen hinweg auszugestalten. Gemäß diesem Verständnis wird das Markenmanagement als ein integrativer, funktionsübergreifender Bestandteil der Unternehmensführung verstanden.

Fassen wir kurz zusammen: Marken bieten einen funktionalen und einen emotionalen Nutzen. Ihr Image entsteht in den Köpfen der Menschen. Und ihre Identität wird durch die Markenanbieter ausgestaltet. Doch wie sollten Letztere dabei vorgehen, wenn sie mit ihren Marken wirtschaftlichen Erfolg haben wollen? Und warum sollte die Markenführung anderen Managementkonzepten, wie beispielsweise dem Streben nach Kosten- oder Qualitätsführerschaft, überlegen sein? Denn auch wenn viele Beispiele erfolgreicher Markenführung in der Praxis zu beobachten sind, überrascht der generelle Anspruch doch, den manche Markenexperten erheben: Die Markenführung liefere für fast alle Branchen das geeignete Erfolgskonzept, für klassische Konsumgüter wie Schokoriegel oder Waschmittel über Dienstleistungen wie Luftfahrtgesellschaften oder Versicherungen bis hin zu Investitionsgütern wie elektronischen Komponenten oder Industriemaschinen. Selbst das Deutsche Rote Kreuz, die politischen Parteien, unsere Politiker sowie die Kirchen müssen sich, so eine provokante These, zu Marken entwickeln und lernen, die Spielregeln der Markenführung zu beherrschen, wollen sie in Zukunft nicht dramatisch an Bedeutung verlieren.

Die in den letzten Jahren deutlich gestiegene Präsenz des Themas Marke lässt sich auf verschiedene Faktoren zurückführen. So ist es offensichtlich, dass viele Produkte und Dienstleistungen auf der funktionalen Ebene austauschbar geworden sind. In einer globalen, vernetzten Welt haben Innovationen nur noch eine geringe Halbwertszeit. Der Wettbewerb ist schnell, und das notwendige Know-how, das man benötigt, um Güter zu produzieren, Maschinen zu bauen oder eine Dienstleistung zu erbringen, kann zu weiten Teilen problemlos eingekauft werden. Dies zeigen uns in schöner Regelmäßigkeit die Untersuchungen der Stiftung Warentest, bei denen immer häufiger die Note „gut" vergeben wird. Hinzu kommt, dass faktische Produktvorteile – sollten sie denn tatsächlich vorhanden sein – bei der Fülle an Informationen, die auf mögliche Kunden einströmen, kaum noch wahrgenommen werden können. Manche Studien sprechen davon, dass der Konsument am Tag durchschnittlich mit 5000 Werbebotschaften konfrontiert wird. In diesem Informationsdschungel, der durch die Vielfalt der Angebote immer undurchdringlicher wird, finden sich potenzielle Kunden nur noch schwer zurecht. Die Wahl wird tatsächlich zur Qual, wenn man nicht gleich zu Beginn des Kaufentscheidungsprozesses eindeutige Präferenzen gebildet hat.

Genau das leisten Marken. Sie liefern uns Informationen in komprimierter Form, die uns helfen, Kaufentscheidungen schneller zu treffen. Sie geben uns das Gefühl, eine gute Investition zu tätigen, die keine bösen Überraschungen mit sich bringt. Und sie helfen uns, uns gegenüber anderen abzugrenzen, uns zu ihnen zugehörig zu fühlen oder unserem Selbstbild Ausdruck zu verleihen. Diese drei Funktionen der Marke – Informationseffizienz, Risikoreduktion und ideeller Nutzen – sollen an anderer Stelle in diesem Buch aufgegriffen und intensiver diskutiert werden. Mit Blick auf die Entwicklungen in unserer Gesellschaft ist aber offensichtlich, dass diesen Funktionen heute eine höhere Bedeutung zukommt als vor 30 Jahren. Dass demzufolge auch das Interesse an der Markenführung auf der unternehmerischen Seite gestiegen ist und dass dieses Interesse in vielen Branchen zu beobachten ist, ist nur konsequent. Mehr denn je gilt: Ein guter Ruf ist durch nichts zu ersetzen.

Also: Auch wenn die Begeisterung für das Thema „Marke" mitunter etwas übertrieben erscheint, muss am Trend zur Markenführung entgegen vielen Managementkonzepten der Vergangenheit, die so schnell in Mode kamen wie sie auch wieder verschwanden, wohl mehr dran sein. Und sollte die vorausgegangene Argumentation immer noch nicht ausreichen, um auch kritische Unternehmenslenker von der Notwendigkeit zu überzeugen, sich mit den Konzepten und Instrumenten der Markenführung zu beschäftigen, so sei auf Folgendes verwiesen: Marken werden nicht nur immer wertvoller, sondern die konsequente Orientierung an der Marke steigert den finanziellen Erfolg eines Unternehmens nachhaltig. Vor allem zahlenfixierte Unternehmenslenker sollten sich deshalb folgende Erkenntnisse genauer anschauen:

Die renommierten Consultants von **PriceWaterhouseCoopers** haben in einer viel beachteten Studie im Jahr 2005 gezeigt, dass der Anteil der Marke am gesamten Unternehmenswert von 56 Prozent im Jahr 1999 auf 67 Prozent im Jahr 2005 gestiegen ist. Und **Booz Allen Hamilton** sowie **Wolff Olins**, erstere Unternehmens-, letztere Markenberater, konnten 2004 in ihrer Analyse europäischer Top-Unternehmen Folgendes nachweisen: „Brand guides companies have profitability margins twice as much as their competitors."

1.2 Was Marken leisten können und was nicht

Es gibt gute Gründe, wieso sich Marken in den letzten Jahren in vielen Wirtschaftsbereichen zu zentralen Erfolgsfaktoren entwickelt haben: Produkte wurden austauschbarer, das Waren- und Dienstleistungsangebot vielfältiger, die Informationsflut undurchschaubarer. Starke Marken helfen uns, mit diesen Entwicklungen besser umzugehen. Sie entlasten uns, indem sie kognitive Denkprozesse verkürzen und Emotionen freisetzen. Ja, mitunter schalten sie sogar den Verstand ab, was folgender Versuch belegen kann:

Die relativ neue Forschungsrichtung des Neuromarketing nutzt Computertomografien, mit deren Hilfe der Erregungszustand im Gehirn gemessen wird, währenddessen die Probanden eine Kaufentscheidung treffen müssen. In der Praxis sieht das so aus: Versuchsteilnehmer werden in „die Röhre" geschoben und bekommen dort mehrere Marken mitgeteilt, für oder gegen deren Erwerb sie sich entscheiden sollen. Gleichzeitig wird sozusagen am lebenden Gehirn beobachtet, welche Hirnareale im Rahmen der Kaufentscheidung zu welchem Grad involviert sind. Die verblüffende Erkenntnis dieses Versuchs: Starke Marken führen zu einer Entlastung der Hirnareale. In denjenigen Hirnarealen, die mit dem Arbeitsgedächtnis assoziiert sind, können starke Marken zu einer reduzierten Aktivität führen, während in den Arealen, die typisch für affektives Verhalten und Selbstwahrnehmung sind, Aktivitätssteigerungen zu beobachten sind. Besonders stark ist dieser Effekt dann, wenn sich die Probanden für ihre Lieblingsmarke entscheiden dürfen. Die aus der Markenforschung bekannte These, dass starke Marken eine emotionale Wirkung haben, wird somit eindrucksvoll bestätigt.

Starke Marken bringen eindeutige Vorteile für denjenigen mit sich, der Kaufentscheidungen treffen muss. Über ihre vertraute Gestalt (zum Beispiel Markenlogo, Farben, Verpackungsdesign) können wir sie schnell und einfach identifizieren und mit unseren Erfahrungen abgleichen. Das Kühlregal im Supermarkt mit seinen unzähligen Varianten an Joghurts wird somit nicht zur unüberwindbaren Hürde – wir greifen uns unseren Lieblingsquark, und wenn dieser nicht vorrätig ist, nehmen wir unsere persönliche Nr. 2. Hierdurch sparen wir sowohl Zeit als auch Energie für aufwendige Entscheidungsprozesse. Marken helfen uns also, Informationen effizient zu verarbeiten.

Doch Marken vermögen noch mehr: Sie reduzieren das von uns wahrgenommene Kaufrisiko. Ein *Mars*-Schokoriegel ist eben ein *Mars*-Schokoriegel, und wir wissen, wie er uns schmecken wird. Der Euro ist also gut angelegt, und wir können uns sicher sein, dass das Produkt unsere Erwartungen erfüllt. Besonders wichtig ist die Risikoreduktionsfunktion von Marken selbstredend immer dort, wo ich ein Produkt vor dem Kauf nicht testen kann, wo persönlich viel auf dem Spiel steht oder wo hohe Investitionssummen notwendig sind. Der unbekannte Anbieter könnte in solchen Situationen opportunistisch handeln. Der Markenanbieter jedoch wird an einer langfristigen Geschäftsbeziehungen Interesse haben und mich als loyalen Kunden gewinnen wollen. Der gute Name garantiert sozusagen, dass meine Erwartungen erfüllt werden.

Schließlich stiften starke Marken auch einen ideellen Nutzen. Mineralwasser von *San Pellegrino* macht jede Mahlzeit zum Festessen und versetzt mich vielleicht sogar in den letzten Italienurlaub zurück. Bestimmte Modemarken dienen als Erkennungssignal unter Gleichgesinnten. Und mache Marken helfen sogar dabei, meinen sozialen Status zu dokumentieren, ohne dass ich lange darüber reden muss. Natürlich ist ein solcher ideeller Nutzen nicht in allen Branchen gleich wichtig – im B2B-Bereich, also bei Geschäftsbeziehungen zwischen Untenehmen, dürfte er eine geringere Rolle spielen als bei Luxusgütern. Die Notwendigkeit, das Kaufverhalten in der eigenen Branche genauestens zu analysieren, um hieraus auf die in der jeweiligen Branche dominante Funktion einer Marke zu schließen, ist allerdings stets gegeben. Ideeller Nutzen, Informationseffizienz und Risikoreduktion sind nur mögliche Funktionen einer Marke aus Sicht potenzieller Kunden, die nicht in jeder Situation gleichrangig von Bedeutung sind.

Marken übernehmen wichtige Funktionen für denjenigen, der sie kauft oder nutzt. Die Vorteile, die starke Marken für deren Anbieter, also für die jeweiligen Unternehmen mit sich bringen, sind dabei vielfältiger Natur. In vielen Branchen ist es anzuraten, starke Marken aufzubauen und langfristig in sie zu investieren. Die Argumentation „Pro Marke" lässt sich dabei aus Sicht der Anbieter auf die folgenden vier Faktoren verdichten (vgl. Abbildung 1):

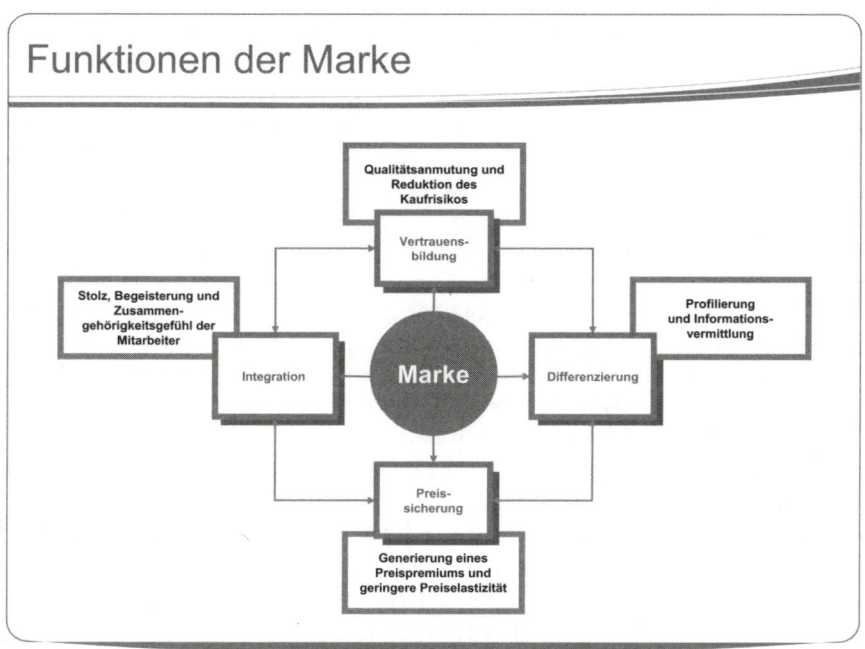

Abbildung 1: Die Funktionen einer Marke aus Sicht der Anbieter

Marken schaffen Vertrauen

Marken schaffen Vertrauen, indem sie eine ansprechende, gleich bleibende Qualität suggerieren, auf die man sich sprichwörtlich verlassen kann, und somit das Risiko eines Fehlkaufes aus Kundensicht minimieren. Denn schon immer geht man davon aus, dass ein renommierter Name achtsamer mit seinem Ruf umgeht als ein unbekannter Anbieter, der vielleicht sogar von

Gelegenheitskäufen lebt und seine Waren heute hier, morgen da anbietet. Oder, wie der Unternehmer *Robert Bosch* es einmal formulierte: „Lieber verlieren wir Geld als Vertrauen.“

Starke Marken machen den Kauf also risikoloser und funktionieren in ähnlicher Weise wie Versicherungen. Das unter Umständen mit einem Aufpreis bezahlte Qualitätsversprechen eines Markenanbieters ermöglicht es dem Kunden, das psychologische und faktische Risiko der Investition zu reduzieren und die eigene Verantwortung für eine eventuelle Fehlentscheidung zu verringern. Die Risikoreduktionsfunktion von Marken ist umso wichtiger, je gravierender die persönlichen, finanziellen oder sozialen Wirkungen eines Fehlkaufs oder einer Fehlbeauftragung sind. Denn wenn der Schokoriegel nicht schmeckt, wird beim nächsten Mal ein anderer probiert. Wenn jedoch das neue Designer-Sofa, vielleicht sogar gegen den Willen anderer Familienmitglieder, teuer erstanden, doch nicht die erwartete Bewunderung durch die Gäste erfährt oder – im industriellen Bereich – das neue Computersystem den Anforderungen des Unternehmens nicht gerecht werden kann, könnten gravierende Konsequenzen für die eigene Person folgen. War das Sofa aber von *Minotti*, so wird man sich das Desinteresse der Bekannten mit deren Geschmack- und Stillosigkeit erklären und hat gute Argumente zu seiner Verteidigung. Und war die EDV-Anlage von *IBM*, so ist dem Einkäufer wohl ebenfalls kein fachlicher Vorwurf zu machen. Wie heißt es so schön: „Nobody ever got fired für buying an IBM.“

Marken sind also sowohl im Bereich der Konsumgüter als auch bei Einkaufsentscheidungen von Unternehmen der ideale Hebel, um das risikoaverse Kaufverhalten vieler Entscheider auszunutzen. Dieser Hebel wird erfahrungsgemäß umso wirkungsvoller, je stärker das Involvement des Entscheiders ist, je erklärungsbedürftiger bzw. technisch anspruchsvoller die Produkte der Begierde sind und je höher die erforderliche Investition für deren Erwerb ist. Außerdem ist die Risikoreduktionsfunktion von Marken umso bedeutungsvoller, je wichtiger der Anteil der Serviceleistungen an der Transaktion ist. Für Dienstleistung ist demnach die Risikoreduktion die wichtigste Funktion der Marke. Die folgenden Beispiele verdeutlichen dies.

> Die Mutter, die nach einem neuen Auto-Kindersitz für ihren Einjährigen sucht, legt in der Regel sehr viel Wert auf die Marke, da sie verständlicherweise ein sehr hohes Engagement und eine hohe Emotionalität beim Kauf aufweist. Nüchtern betrachtet, ist sie gerne bereit, den im Vergleich zu einem möglichen Schadensfall geringen Aufpreis für eine vermeintlich höhere Qualität des Markenanbieters zu bezahlen.

Der Einkäufer eines stark wachsenden Unternehmens wird eher Büromöbel eines großen Markenanbieters als die eines kleinen, unbekannten Herstellers bevorzugen. Denn bei ersterem hat er mit hoher Wahrscheinlichkeit die Möglichkeit, über eine lange Zeitspanne hinweg immer wieder dasselbe Möbelsystem nachbestellen zu können, falls neue Mitarbeiter eingestellt werden. Könnte ihm dies der kleinere, aber vielleicht besser geeignete Anbieter auch garantieren?

Der Vorstandsvorsitzende eines börsennotierten Unternehmens wird für ein wichtiges Restrukturierungsprojekt eine bekannte Unternehmensberatung beauftragen und nicht den für das spezifische Projekt vielleicht besser geeigneten Anbieter ohne großen Namen. Denn auch er muss sich vor seinem Aufsichtsrat verantworten, und wenn das wichtige Projekt scheitert, wer wird ihm dann einen Vorwurf machen, wenn es von **McKinsey**, **Boston Consulting** oder **Roland Berger** begleitet wurde?

Marken helfen Unternehmen, sich von Wettbewerbern zu unterscheiden

Viele Produkte und Dienstleistungen sind vergleichbar geworden – wer hat dies noch nicht gehört? Zugegeben, die Tatsache einer steigenden Austauschbarkeit vieler Angebote ist keine allzu große Neuigkeit mehr. So mancher Produktmanager ist zwar nach wie vor davon überzeugt, einen einzigartigen, objektiv nachvollziehbaren Vorteil für das eigene Produkt zu besitzen. Doch möchte ich hier nicht davon sprechen, dass ein Handy nochmals um 3 Gramm leichter geworden ist, eine Waschmaschine um 1 Dezibel leiser oder ein Wischtuch um ein zehntel Milliliter saugfähiger. Sind wir doch einmal ehrlich: Sind wir ernsthaft davon überzeugt, dass das Benzin bei *Aral* besser oder schlechter ist als bei *Shell*? Ist der 3er von *BMW* einem vergleichbaren Fahrzeug, wie beispielsweise dem A4 von *Audi*, aufgrund der uns bekannten Fahrzeugdaten überlegen? Ist *Aspirin* von *Bayer*, immer noch „Blockbuster" unter den Kopfschmerzmitteln, tatsächlich zuverlässiger als das vergleichbare Produkt von *Ratiopharm*? Können die Berater von *McKinsey* einem angeschlagenen Konzern wirkungsvoller helfen als die von der *Boston Consulting Group*? Und hat der Zulieferer A in der Tat bessere Rohstoffe oder mechanische Bauteile als der Zulieferer B?

Die Antwort auf die meisten der eben gestellten Fragen dürfte „Nein" lauten. Die Qualität vieler Produkte und Dienstleistungen hat sich in den letzten Jahren deutlich angeglichen, und unsere Vorliebe für die eine oder andere der genannten Marken beruht auf Gründen, die nur selten objektiv belegbar sind. Denn das Know-how zur Produktion selbst technisch komplexer Erzeugnisse hat sich schlagartig verbreitet. Verantwortlich hierfür sind unter anderem immer bessere Ausbildungsmöglichkeiten in vielen Teilen der industrialisierten Welt, der organisierte Austausch von Wissen über etablierte Netzwerke, die zunehmend durchlässigen Grenzen, die gestiegene Wechselwilligkeit der Arbeitnehmer sowie die neuen technischen Möglichkeiten des Know-how-Transfers über das Internet oder über andere neue Medien.

Wenn sich jedoch Produkte und Dienstleistungen kaum mehr voneinander unterscheiden, so stehen dem verantwortlich denkenden Unternehmer drei Möglichkeiten zur Auswahl:

1. Er versucht, durch Innovationen seinen Leistungsvorsprung gegenüber den Wettbewerbern wiederherzustellen. Dies dürfte ein sehr wirkungsvoller Ansatz sein, denn ein Kennzeichnen von Innovationen ist es ja gerade, dass er etwas bietet, was es in dieser Form bisher nicht gab und somit der zuvor geschilderten Angleichung entgegen wirken.

2. Er senkt die Preise und strebt die Kostenführerschaft in seinem Kompetenzbereich an. In Branchen wie dem Mineralölvertrieb, dem Handel mit Büromaterialien, dem Online-Banking oder bei vielen Waren des täglichen Bedarfs wird diese Strategie häufig eingesetzt, um sich von Wettbewerbern zu differenzieren. Der Grund hierfür liegt auf der Hand: Der Vorteil gegenüber dem Wettbewerb ist nicht erklärungsbedürftig, sondern einfach zu verstehen und gegebenenfalls dem Kunden nachzuweisen. Dies erleichtert die Verkaufsargumentation ungemein. Gefährlich sind hierbei jedoch der Verlust an Deckungsbeiträgen und das Risiko, dass andere und vielleicht sogar finanzstärkere Unternehmen im gleichen Segment die Kostenführerschaft ansteuern.

3. Er investiert in seine Marke. Der Vorteil einer solchen Vorgehensweise liegt darin, dass dies – wie wir hier noch zeigen werden – auch ohne hohe Budgets möglich ist und eine Differenzierung über die Marke zu weiten Teilen auf immateriellen Faktoren beruht. Diese, sofern sie auf authentischen Werten basieren, dürften für den Wettbewerb nur schwer kopierbar sein. Der Nachteil einer Orientierung an der Marke: Sie muss mit aller Konsequenz erfolgen. Denn „ein bisserl Marke" kann man nicht machen. Und Ursache-Wirkungs-Beziehungen sind häufig nicht derart planbar, wie es viele ingenieursgetriebene Unternehmen aus der Produktion kennen, sondern die Zusammenhänge sind höchst komplex und benötigen sehr viel Fingerspitzengefühl der involvierten Manager. Mit anderen Worten: "Any damn fool can put on a price reduction, but it takes brains and perseverance to create a brand", wie der Werbe-Guru *David Ogilvy* es einmal formulierte.

Die Markenführung ist also ein strategischer Ansatz, um die eigene Attraktivität gegenüber Wettbewerbsangeboten zu erhöhen und sich aus der Masse ähnlicher Anbieter herauszuheben. Die Elemente der Differenzierung können dabei einerseits auf einer konkreten Symbolebene liegen (die Figur des *„Meister Proper"* ist solch eine Symbolebene), andererseits aber auch im Bereich abstrakter Werte, die die Markenführung durch ihre Instrumente zu besetzen sucht.

> **Marlboro** symbolisiert den Wunsch nach Freiheit und Abenteuer, durch den Genuss einer Zigarette von **Davidoff** bekennt der Raucher seine Zugehörigkeit zu einer gehobenen sozialen Schicht. Die **Deutsche Bank** steht für Sicherheit, Erfolg und für die bürgerliche Tradition, die **HypoVereinsbank** verspricht dem Kunden Unkompliziertheit und ein modernes Leben. **IBM** steht für Effizienz und technisches Know-how, **Apple** ist Jugendlichkeit und Kreativität. **Tag Heuer** steht für Sportlichkeit und Understatement, **Rolex** verleiht Status. Autos von **BMW** sind für Sportliche und Aufsteiger, Autos von **Saab** für den Individualisten.

Marken eröffnen Preisspielräume

Für starke Marken werden höhere Preise akzeptiert als für unbekannte Produkte. Ein gutes Beispiel hierfür sind die unter anderem Namen bei den Discountern angebotenen Waren bekannter Hersteller. Bücher wie „Aldi – Welche Marke steckt dahinter?" zeigen uns sehr nüchtern auf, dass die Konsumenten bereit sind, für einen prominenten Markennamen mehr Geld zu bezahlen als für ein No-Name-Produkt. Und aus der Mode wissen wir, dass erst das Krokodil auf der Brust uns dazu bringt, für ein gewöhnliches Polo-Shirt beinahe magische Preise zu bezahlen.

Im Industriegütersektor ist der Ausbau eines Preispremiums über eine starke Marke sicherlich schwieriger als im Bereich der Konsumgüter. Doch Beispiele wie *IBM*-Computer, Büromöbel von *USM*, Sprachkurse von *Berlitz* oder auch Bremsen der Marke *Knorr* zeigen, dass nicht immer der preisgünstigste Anbieter den Zuschlag erhält. Und wer einmal die glänzenden Augen eines Druckereibesitzers gesehen hat, der seine Produktion mit einer neuen Maschine von *Heidelberger* Druckmaschinen ausgerüstet, der weiß, wovon ich rede.

> Jürgen Plüss, Geschäftsführer von **Miele**, hat den Preisvorteil starker Marken mit folgender Aussage auf den Punkt gebracht „Die von Marketing-Professoren immer noch gepredigte Preis-Absatz-Funktion gilt für den Marktführer Miele nicht. Das sollte zu denken geben." Und Klaus Brandmeyer, deutscher Marken-Papst und Vordenker aller Markenberater, formulierte einst etwas blumig: „Oft auch hören wir sagen, die erste Frage sei die nach dem Preis, die Leute gucken als erstes immer auf den Preis, der

Preis müsse stimmen. Vorsicht: Das ist bereits die zweite Frage. Vorher ist schon verflixt viel gelaufen, wenn nicht gar alles wirklich Entscheidende: Unser Gemüt hat sich selbst die erste Frage bereits beantwortet – irgendwas hat ihm gefallen."

Marken stiften Identität

Starke Marken haben einen weiteren Vorteil für ihre Eigentümer, der häufig dramatisch unterschätzt wird, der uns aber in diesem Buch schwerpunktmäßig beschäftigen wird: Sie fokussieren die Mitarbeiter auf die für das Unternehmen entscheidenden Werte, sorgen für den abteilungsübergreifenden Zusammenhalt und erzeugen nicht selten eine Begeisterung für die Marke, die mitunter an die ersten Liebesschwüre von Teenagern erinnert. Gerade für Unternehmen, deren Geschichte geprägt ist von zahlreichen Eigentümerwechseln oder der strategischen Notwendigkeit, häufig im Zuge von Fusionen und Akquisitionen fremde Einheiten zu integrieren, übernehmen sie die Rolle von „Leuchttürmen" in der stürmischen See. Sie vermitteln den Mitarbeitern die Einzigartigkeit ihres Arbeitgebers und sorgen somit beinahe intuitiv für die Beachtung der markenspezifischen Verhaltensregeln. Viele Konzerne, die wie *McDonalds*, *Disney* oder *UPS* international stark verflochten sind oder auch als Mischkonzerne wie *General Electric* oder *Siemens* viele unterschiedliche Sparten abdecken, wären ohne ihre starke Unternehmensmarke kaum zu führen. Die Marke ist in diesen Unternehmen das regulative System, und Verhalten, das nicht markenkonform ist, wird dort quasi automatisch durch das Umfeld korrigiert. Somit trägt die Marke zur Reduktion des Koordinationsaufwandes und der Steuerungs- und Kontrollkosten bei. Zudem erzeugt sie „kollektive Energie", die – in positive Bahnen gelenkt – Beachtliches bewirken kann.

Als Beispiel für die enorme Kraft, die aus einer starken Marke nach innen ausgehen kann, sei der britische Mobilfunkanbieter **Orange** genannt. Nach dem Besuch eines Call-Centers von Orange schrieb ein Reporter über das Unternehmen: „Für einen Manager ist dies die perfekte Belegschaft. Enthusiastisch, intelligent, einfallsreich und arbeitsam und dazu von einem realistischen Glauben getragen, wie man ihn selten in anderen Lebensbereichen außerhalb der Arbeit findet. Früher inspirierten politische Parteien und Kirchen solches Engagement. Sie bleiben einer Marke leidenschaftlich treu, die in 18 Monaten nicht weniger als viermal an verschiedene multinationale Konzerne verkauft wurde. Sobald ihre Beschäftigten eine emotionale Bindung an die Marke eingegangen sind, folgen sie ihr überall hin."

Was Marken nicht leisten können

Marken schaffen Vertrauen, tragen zur Differenzierung bei, eröffnen Preisspielräume und schaffen eine Identität nach innen und außen. Eines können sie jedoch nicht: sichtbare Wettbewerbsnachteile dauerhaft kompensieren. Dies ist vielleicht über einen gewissen Zeitraum möglich. Langfristig jedoch wird ihr Ruf jedoch Schaden erleiden, das Markenguthaben wird immer mehr aufgebraucht, bis eines Tages die Erosion der Markenstärke sichtbar wird und vielleicht sogar schon unumkehrbar ist. Folglich sollte jedem Markenverantwortlichen bewusst sein, dass eine Marke nur das versprechen kann, was sie auch in der Lage ist zu halten.

Auch sollte man die Marke nicht überall und ohne Blick auf die spezifische Situation eines Unternehmens als den Königsweg schlechthin beschwören. Es gibt durchaus Situationen und Branchen, in denen der Aktionsradius einer erfolgreichen unternehmerischen Tätigkeit eher außerhalb der Markenführung zu suchen ist. Es dürfte insbesondere in akuten Krisensituationen, die den Fortbestand eines Unternehmens bedrohen und folglich schnelles Handeln erfordern, notwendig sein, Aktionsfelder außerhalb der Markenführung zu identifizieren. Kostenmanagement, Verkaufsoffensiven oder Prozessoptimierung sind die in solchen Fällen zu bevorzugenden Maßnahmen.

Die Markenführung ist keine Vorgehensweise, die zu kurzfristig spürbaren Resultaten führt. Ihre Instrumente lassen sich nicht so spezifisch steuern, wie dies beispielsweise bei Verkaufsförderungsaktionen der Fall sein dürfte, die keine Instrumente der Markenführung, sondern rein absatzbezogene Maßnahmen darstellen. Vielmehr wirkt sie mittel- bis langfristig. Dass Markenführung nur dann erfolgreich praktiziert werden kann, wenn man ihr ausreichend Zeit zur Verfügung stellt, machen in beeindruckender Weise die Fallstudien deutlich, die im Teil B dieses Buches dargestellt werden.

Auch mag es Branchen geben, in denen der Konsument oder Kunde ausschließlich auf den Preis schaut oder in denen sonstige objektive Daten im Blickpunkt möglicher Käufer stehen. In solchen Umfeldern dürfte der Marke nicht die Bedeutung zukommen, die ihr in anderen Branchen zuteil wird. Allerdings ist es nicht auszuschließen, dass selbst bei sehr homogenen Gütern – wie beispielsweise Düngemittel, Vliesstoffe oder Rohöl – die Marke die Kaufentscheidung zumindest teilweise beeinflusst. Die Firma *Freudenberg*, ein Mischkonzern, der von Dichtungsringen über Vliesstoffe bis hin zu Wischtüchern vieles herstellt, ist zum Beispiel einer dieser „Hidden Champions", die nur sehr wenig bekannt sind, die aber dennoch in Fachkreisen einen ausgezeichneten Ruf genießen. Auch wenn die Marke *Freudenberg* beim Einkauf von Vliesstoffen durch die Bekleidungsindustrie nicht im Vordergrund steht, so dürfte sie dennoch zum Gesamterfolg des Unternehmens beitragen.

Schließlich gibt es noch die seltenen Fälle, in denen ein Produkt gegenüber einem anderen nur deshalb bevorzugt wird, weil es in einer spezifischen Situation einfach besser passt. Ein Freund von mir mit einer Aversion gegen die Marke *Siemens* ließ sich in seine neue Küche dennoch Kochfelder dieser Marke einbauen. Diese Kochfelder waren nämlich in einem Maß erhältlich, welches andere Hersteller nicht im Sortiment hatten. In diesem Fall erfolgte der Kauf nicht über die Marke, sondern über funktionale Erwägungen.

1.3 Die Charakteristika starker Marken

Vor Hunderten von Jahren war es nicht notwendig, Marken zu etablieren. Der Handel war überwiegend lokal geprägt, Anbieter und Nachfrager von Waren und Dienstleistungen kannten sich. Ganz einfach ausgedrückt: Im Ort wusste man, welcher Tischler die besten Möbel herstellte, welcher Schneider gekonnt mit der Nadel umging und bei welchem Töpfer gutes Geschirr erworben werden konnte. Es war folglich auch nicht erforderlich, die Erzeugnisse zu markieren. Der Schneider hieß vielleicht *Joop*, musste seinen Namen aber nicht in die Gewänder einnähen, um seine Arbeit zu kennzeichnen. Und der Töpfer wohnte vielleicht in Meißen, aber den Schriftzug *„Meißner Porzellan"* auf seine Teller aufzubringen, hätte ihm keine Vorteile verschafft. Dies veränderte sich jedoch schlagartig mit der aufkommenden Industrialisierung.

Auf einmal entfernten sich Anbieter und Nachfrager weit voneinander. Folglich wurde es schwierig bis unmöglich, die Qualität der Erzeugnisse aufgrund der Person des Anbieters zu beurteilen, denn dieser war nicht mehr persönlich bekannt. Um dieser Anonymisierung entgegenzutreten, begannen die ersten Produzenten, ihre Waren mit Namen zu versehen. Denn die Menschen hatten mehr Vertrauen zu Anbietern, die sich mit ihrem Namen für die Qualität ihrer Produkte verbürgten. So wurde das *Meißner Porzellan* zu einem Qualitätsbegriff, und die ersten Marken waren geboren.

Wenn man diese zugegeben sehr einfach dargestellte Entstehungsgeschichte des Markenartikels reflektiert, so wird deutlich, dass Marken zunächst einmal sehr ähnliche Eigenschaften aufwiesen. Es handelte sich um Fertigwaren, die mit dem Namen des Herstellers markiert wurden. Es waren in der

Regel Waren gehobener Qualität, deren Preise durch die Hersteller in Form der Preisbindung festgeschrieben waren. Und es waren Produkte, für die der Hersteller in irgendeiner Form Werbung machte, denn er wollte ja seinen Namen bekannt machen. Der merkmalsorientierte Ansatz der Markenführung, nach dem Produkte dann als Marken gelten, wenn sie spezifische Charakteristika aufweisen, geht auf diese Zeit zurück. Als typische Markenmerkmale wurden demnach eine gehobene Qualität, eine hohe Bekanntheit, eine breite Distribution, Absatzwerbung sowie ein fester Preis bezeichnet.

Die Märkte entwickelten sich jedoch rasend schnell weiter. Neue gesetzliche Regelungen veränderten die Markenlandschaft, die Preisbindung wurde untersagt. Anbieter von Zwischenprodukten und Komponenten, wie beispielsweise *Intel*, begannen, ihre Produkte direkt beim Endverbraucher zu bewerben. Und der Dienstleistungssektor nahm immer mehr an Bedeutung zu und brachte eigene Angebote hervor, die die Kunden als Marken wahrnahmen. Die veränderten Markt- und Umweltbedingungen reflektierten sich in der Markenführung, deren Entwicklung gleichzeitig durch ein „Deepening" und ein „Broadening" gekennzeichnet war. Unter Deepening versteht man dabei, dass unter dem Dach der Markenführung immer mehr Themen an Bedeutung gewannen, wie etwa das ökologische und soziale Marketing, das Neuromarketing oder eben auch das Internal Branding. Unter Broadening ist zu verstehen, dass die Markenführung ihren Fokus von der Konsumgüterindustrie verlagerte und sich ebenbürtig auch anderen Bereichen zuwendete, zum Beispiel dem „Ingredient Branding", der Markenführung für Industriegüter oder auch für Dienstleistungen.

Heute kann man sagen, dass eine merkmalsorientierte Interpretation des Themas „Marke" nicht mehr zeitgemäß erscheint. Nach wie vor sind einzelne Merkmale, wie sie in Abbildung 2 aufgelistet sind, zwar durchaus typisch für Marken. Sie sind aber eben in ihrer Gesamtheit nicht mehr zwingend erforderlich, um nach unserem Empfinden von einer Marke zu sprechen. Der merkmalsorientierte Ansatz hilft bei der Beschreibung des Phänomens Marke als nur noch bedingt weiter und muss durch eine wahrnehmungsbezogene Interpretation des Markenbegriffs abgelöst werden. Marken sind folglich das, was die Menschen als Marken wahrnehmen.

Doch was nehmen Menschen als Marken wahr? Wie bereits beschrieben, sind Marken Nutzenbündel, die neben funktionalen auch emotionale Bedürfnisse befriedigen. Starke Marken werden in der Regel bei ihren „Fans" etwas auslösen: Eine besondere Faszination geht von ihnen aus, sie helfen uns, den Alltag besser zu bewältigen und vielfältigen Erwartungen zu ent-

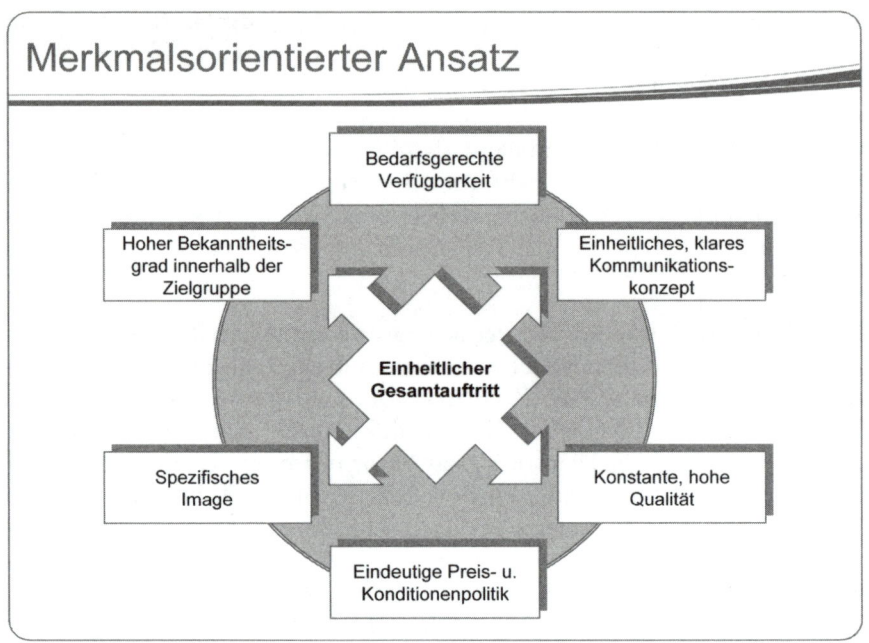

Merkmalsorientierter Ansatz

Bedarfsgerechte Verfügbarkeit

Hoher Bekanntheits-grad innerhalb der Zielgruppe

Einheitliches, klares Kommunikations-konzept

Einheitlicher Gesamtauftritt

Spezifisches Image

Konstante, hohe Qualität

Eindeutige Preis- u. Konditionenpolitik

Abbildung 2: Der merkmalsorientierte Ansatz der Markenführung

sprechen, sie etablieren gesellschaftliche Normen, sind Kulte der modernen Zivilisation, sie erfüllen uns mit Stolz, sie machen Preisvergleiche überflüssig, verhindern objektive Bewertungen und machen uns zu wandelnden Werbeträgern. Folglich könnte man argumentieren, dass bestimmte Wirkungen typisch für Marken sind und dass Produkte und Dienstleistungen, die diese Wirkungen nicht erzielen, wie beispielsweise „No Names" oder Handelsmarken, keine echten Marken sein können. Denn nur selten begeistern wir uns für „No Names", und das Verkaufsargument von Handelsmarken ist an erster Stelle der attraktive Preis, was sie von etablierten Marken unterscheidet. In diesem Zusammenhang ist es übrigens sehr interessant, dass starke Marken auch bei denjenigen, die sie nicht mögen, also sozusagen bei den „Anti-Fans", heftige Reaktionen auslösen, zum Teil offene Ablehnung oder sogar blanken Hass. Starke Marken lassen uns also nicht kalt: Wir lieben oder verabscheuen sie.

Der echte **Coca-Cola**-Fan trinkt lieber nichts als **Pepsi**, der Liebhaber von **McDonalds** hungert lieber, als zu **Burger King** zu gehen. Fans von **Nutella** können sich nicht vorstellen, eine andere Nuss-Nugat-Creme als Brotaufstrich zu verwenden. Typische **BMW-**

Zur Bedeutung und Rolle der Markenführung

Fahrer würden niemals einen **Mercedes** in Erwägung ziehen, **Lufthansa**-Vielflieger nehmen auch eine schlechtere Verbindung in Kauf, um mit „ihrer" Airline zu fliegen, und den Fußballverein **Bayern München** – jawohl, auch eine starke Marke – liebt man, oder man hasst ihn.

Fassen wir kurz zusammen: Es gibt Merkmale, die für starke Marken durchaus typisch sind, und starke Marken lösen bestimmte Wirkungen aus. Außerdem polarisieren starke Marken – man steht ihnen nur selten gleichgültig gegenüber. Doch hinzu kommt ein weiteres Kriterium, ohne das wir nicht von einer Marke sprechen können, und dieses Kriterium ist vielleicht das wichtigste: Starke Marken sind uns vertraut. Und diese Vertrautheit entsteht dadurch, dass sich starke Marken selbstähnlich reproduzieren.

Was bedeutet der Begriff „selbstähnliche Reproduktion"? Nicht mehr und nicht weniger, als dass bestimmte Elemente einer Marke immer wieder in gleicher Art und Weise in Erscheinung treten, während sich andere durchaus verändern und an neue Gegebenheiten anpassen. „Persil. Da weiß man, was man hat", lautete ein Werbespruch, der noch vielen von uns im Ohr sein dürfte. Bei starken Marken weiß man tatsächlich, was man hat. Sie sind dazu in der Lage, unsere funktionalen und emotionalen Bedürfnisse in immer wieder identischer Art und Weise zu befriedigen und sich gleichzeitig zu verändern. Wie das geht? Konstanz und Wandlung zu gleicher Zeit funktionieren dann, wenn diejenigen Elemente eines Markensystems, die für unsere Markenwahrnehmung von besonderer Bedeutung sind, zu einem hohen Prozentsatz gleich bleiben, und andere Elemente, die für unsere Markenwahrnehmung weniger wichtig sind, sich dem Zeitgeist anpassen. Dies soll an einigen konkreten Beispielen deutlich gemacht werden:

Damit ein **BMW** uns vertraut erscheint, ist es besonders wichtig, dass das „Cockpit" eines jeden Modells stärker an den Arbeitsplatz eines Piloten als an den eines Autofahrers erinnert. Das Design des Innenraums muss technisch, kühl und schlicht anmuten, die Instrumente müssen dominant und einfach abzulesen und die Armaturen leicht zu bedienen sein. So ist das Bedienelement des Fahrerinformationssystems i-drive eher einem Joystick nachempfunden als einem Schalthebel. Weiterhin muss der Kühler eine Nierenform aufweisen, und insgesamt muss der Eindruck entstehen, sich mit dem Fahrzeug eher sportlich als komfortabel fortbewegen zu können. Diese Vorgaben sind wichtig, um einen BMW als solchen zu identifizieren, und werden seit Jahrzehnten in der Modellpolitik des Autobauers konsequent beachtet. Unwichtig ist hingegen, welche Farbe das Fahrzeug hat, ob die Sitze mit Leder oder mit Stoff bezogen sind, ob es sich um eine Limousine, einen Kombi oder ein Coupé handelt etc.

Ein Produkt der Marke **Nivea** wird nur dann als vertraut und zur Marke passend empfunden, wenn seine Farbwelt mit der der Nivea-Dose korrespondiert (blau-weiß) und wenn es etwas mit Pflege zu tun hat. Produkte, die keine pflegenden Eigenschaften haben, wie etwa Haarfärbemittel, zählen nicht zur Nivea-Familie. Dennoch kann Nivea so vielfältige Segmente abdecken wie Hautcreme, Badezusätze, Sonnenschutz, Kosmetik für die alternde Haut, für Männer oder Kinder.

Wichtig für den Transportdienstleister **UPS** sind die eigenwilligen braunen Fahrzeuge des Unternehmens sowie die an Uniformen erinnernde Arbeitskleidung der Fahrer. Ob diese Farbe nun modern ist oder nicht, ob sie einem gefällt oder nicht, spielt dabei keine Rolle.

Und Kekse von **Leibniz** können viele Geschmacksrichtungen annehmen und mit unterschiedlichen Zutaten versehen sein, aber eins müssen sie gemeinsam haben, um als Leibniz-Kekse erkennbar zu sein: Sie sind rechteckig, niemals aber rund!

Was sind nun, zusammenfassend, die Charakteristika starker Marken? Typischer Weise haben starke Marken eine hohe Bekanntheit innerhalb ihrer Zielgruppen, eine konstante Qualität, ein sehr spezifisches und polarisierendes Image, eine eindeutige Preispolitik, ein durchgängiges Kommunikationskonzept sowie eine strategiekonforme Distributionspolitik. Sie lösen eine hohe Faszination oder Ablehnung aus und, last but not least, reproduzieren sich in höchstem Maße selbstähnlich, das heißt, sie bleiben über Jahre oder sogar Jahrzehnte hinweg in ihrer vertrauten Gestalt, ohne dabei zu verstauben.

1.4 Sieben Thesen zur Markenführung

In diesem Abschnitt werden sieben sehr wichtige Thesen zur Markenführung vorgestellt, anhand deren Diskussion deutlich wird, wie Markenführung tatsächlich zu interpretieren ist, will man ihre Erfolgspotenziale für das eigene Unternehmen nutzen. Die Thesen sind umso treffender, je intensiver und häufiger die Interaktionen zwischen den Mitarbeitern des Markenunternehmens und seinen Kunden und je höher die Anzahl an Kontaktstellen zwischen diesen ist. Kurz gesagt: Für die so genannten „Fast Moving Consumer Goods" gelten die Thesen nicht in vollem Ausmaß. Für starke Corporate Brands, also für erfolgreiche Unternehmensmarken, bilden sie jedoch die Eckpfeiler einer erfolgreichen Markenführung.

These 1: Markenführung ist eine Managementphilosophie

Die bereits eingangs dieses Buches zitierten Erkenntnisse der Beratungen *Booz Allen Hamilton* und *Wolff Olins* belegen, dass die konsequente Anwendung der Erkenntnisse der Markenführung den Erfolg eines Unternehmens nachhaltig steigern können. Doch trotz aller Hinweise auf die Relevanz der Markenführung im Hinblick auf die klassischen Erfolgsparameter der Betriebswirtschaftslehre muss man sich im Klaren sein, dass die Führung einer Marke in erster Linie eine Philosophie darstellt und weniger durch den gekonnten Einsatz operativer Instrumente charakterisiert wird. Die Führungskräfte eines markenorientierten Unternehmens handeln nicht nur nach spezifischen Regeln, die sich aus der Marke ableiten – sie denken von Grund auf markenorientiert.

> Der Finanzchef eines markenorientierten Unternehmens fragte mich vor einiger Zeit, ob die Schreibblöcke des Hauses besser zur Marke passten, wenn sie – anstatt kariertem Papier – lediglich weiße Seiten enthielten. Er meinte, sie würden dann besser den Markenwert „Offen für Neues" verdeutlichen.

These 2: Markenführung wird vom CEO „gepredigt"

In wirklich markenorientierten Unternehmen ist es der ranghöchste Mitarbeiter, der den Markengedanken in das gesamte Unternehmen hineinträgt und in den Unternehmenszielen verankert. Der CEO, Vorstandsvorsitzende oder Sprecher der Geschäftsführung, muss mit Wort und Tat deutlich machen, dass er der Unternehmensmarke oder auch den jeweiligen Produktmarken höchste Priorität einräumt und Verstöße gegen ihre Regeln nicht dulden wird. Nur er kann bewirken, dass auch marktferne Abteilungen sich als wichtiges Element des Markensystems verstehen und Denkhaltungen wie „Was geht mich die Marke an?" oder „Marke macht bei uns das Marketing" überwunden werden.

> Charismatische Führungskräfte wie Wolfgang Reitzle (**Linde**), Jochen Zeitz (**Puma**) oder auch Wendelin Wiedeking (**Porsche**) werden nicht müde, die Bedeutung ihrer Corporate Brand für den Erfolg des Unternehmens zu betonen. Sowohl bei öffentlichen als auch bei internen Auftritten sprechen sie jedoch nicht nur von der allgemeinen Kraft, die von einer starken Marke ausgeht, sondern insbesondere von messbaren Erfolgen, die – wann immer möglich – mit finanziellen Kennzahlen untermauert werden. So wird die Steigerung des Markenwertes zu einem verbindlichen Unternehmensziel, das alle angeht.

These 3: Markenführung ist ein integrativer Prozess

Wurden Marken noch vor wenigen Jahren als das Resultat kluger Werbestrategien und sauberer handwerklicher Arbeit der Design-Agenturen betrachtet, so prägen sie heute in den markenorientierten Unternehmen die Art und Weise, wie das eigene Geschäft betrieben wird. In einer 2005 von *Henrion* et al. (unter anderem) durchgeführten Untersuchung gaben immerhin 40 Prozent der befragten Führungskräfte an, dass ihr Unternehmen die Marke als Instrument für die Steuerung der gesamten Wertschöpfungskette nutze, angefangen von F&E über Produktion, Marketing bis hin zum Vertrieb. Die Erkenntnis, dass eine Marke mehr ist als ein „Phänomen in Form und Farbe", ist nun also wirklich keine Neuigkeit mehr.

> Markenorientierte Unternehmen nutzen die Potenziale ihrer Marken für das gesamte Unternehmen, indem sie den Zusammenhang zwischen angestrebter Wahrnehmung und tatsächlichem Verhalten bis zum kleinsten Rädchen des Gesamtsystems herunter brechen. Bei **TNT Express** zum Beispiel ist dem Mitarbeiter im Lager bewusst, wie er durch sein Verhalten den Markenwert „Dynamik" in der Kundenwahrnehmung manifestiert. **BMW** koppelt die Zielvereinbarungen aller Führungskräfte – auch derer aus der Produktion und anderen „marktfernen" Abteilungen – und folglich auch die individuelle Entlohnung an die Entwicklung der Markenstärke. Und die **BASF** hat jüngst ein fachübergreifendes „Brand Board" installiert, welches über die Einhaltung der Markenwerte wachen soll.

These 4: Markenführung baut auf die eigenen Stärken

Zahlreiche unter dem Credo der Markenführung gestarteten Projekte zäumen das Pferd von hinten auf: Die Verantwortlichen setzen sich in Diskussionsrunden und Workshops mit der Frage auseinander, wie sie ihre Marke idealer Weise sehen. Doch viele dieser Idealbilder haben den Nachteil, nur wenig mit der gelebten Realität in den Unternehmen gemeinsam zu haben. Der fehlende Realitätsbezug führt in den meisten Fällen zu überzogenen Ansprüchen des Managements, zum Ausbleiben früher Erfolge, zur Demotivation der Mitarbeiter und schließlich zu Zynismus gegenüber der eigenen Marke.

Eine Markenidentität, die auf den in der Ist-Analyse festgestellten Stärken des Unternehmens beruht und diese behutsam auf zukünftige Anforderungen anpasst, ist von Beginn an relevant für interne und externe Zielgruppen, da sie tatsächlich erlebbar ist und die positiven Erfahrungen mit der Marke widerspiegelt.

> Auch wenn die **Deutsche Bank** über besonders gute oder leidenschaftliche Mitarbeiter verfügen sollte, was aufgrund der heute üblichen Fluktuation angezweifelt werden darf, so bietet das kommunizierte Markenversprechen „Leistung aus Leidenschaft" intern sowie extern eine breite Angriffsfläche. Dabei liegen die Stärken des ältesten deutschen Bankhauses doch auf der Hand: Eine lange Tradition, eine hohe Seriosität, zahlreiche Top-Klienten sowie die Internationalität des Hauses sollten genügend authentische Differenzierungspotenziale bieten.

Die **BASF** hingegen beschritt mit „The Chemical Company" einen anderen, aus der Sicht der Markenführung ungleich erfolgreicheren Weg: Die Fokussierung auf die traditionellen Stärken Chemikalien, Kunststoffe, Veredelungsprodukte, Pflanzenschutz sowie Öl und Gas sorgte unter anderem für eine nachhaltige Steigerung des Markenwerts nach der Bewertungsmethoden von *Semion* im Zeitraum 2001 bis 2005 um 8 Prozent.

These 5: Markenführung zielt nicht nur nach außen, sondern manchmal sogar vornehmlich nach innen

Markenorientierte Unternehmen wissen, dass zwischen Mitarbeiter- und Kundenzufriedenheit eine enge Korrelation besteht. Die nach innen gerichteten Hebel der Markenführung nehmen deshalb für sie eine ganz besondere Relevanz ein. Denn gelingt es, intern hohes „Brand Commitment" zu erzeugen, wird sich die externe Markenbegeisterung, sofern alle Rädchen ineinander greifen, in der Folge einstellen. Außerdem wird somit die Gefahr gebannt, in der externen Kommunikation Erwartungen zu wecken, die intern nicht bewältigt werden können und somit zu gebrochenen Markenversprechen führen könnten.

„Our people come first, even before our customers", sagt Fred Smith, CEO von **Federal Express**. **Cisco Systems** fordert Mitarbeiter, die nicht zur Marke passen, regelmäßig auf, das Unternehmen zu verlassen. **BP** vergibt den „Helios-Award" für bemerkenswertes Mitarbeiterverhalten im Sinne der Markenwerte. Und bei **TNT Express** durchläuft jede Führungskraft ein mehrtägiges Markenseminar, und jeder neue Mitarbeiter wird in einer Schulung mit den Werten der Marke TNT vertraut gemacht.

These 6: Markenführung muss messbar werden

„Ich habe nie Marketing gemacht, ich habe nur meine Kunden geliebt", soll der legendäre *Zino Davidoff* einmal gesagt haben. Doch alleine die Liebe zur eigenen Marke und das Verlassen auf das eigene Bauchgefühl reicht heute nicht mehr aus, um professionelle Markenführung zu betreiben. Markenorientierte Unternehmen wissen, dass sie ohne aussagekräftige Daten ihre Marke nicht zielorientiert steuern können. Darüber hinaus gewinnen Markenprojekte häufig erst dann an Dynamik, wenn erste Erfolgsmeldungen verbreitet werden können. Denn die Quantifizierung der Markenstärke liefert nicht nur verlässliche Hinweise auf den Erfolg eingeleiteter Maßnahmen, sondern sorgt im positiven Falle auch für eine gesteigerte Akzeptanz bei internen Kritikern.

Unternehmen wie **Lufthansa**, **Heidelberger** oder **MLP** nutzen die bekannten Modelle der Markenanalyse und -bewertung im Abstand von ein bis drei Jahren.

These 7: Markenführung benötigt Zeit

Markenstärke entsteht nicht über Nacht. Viele der heutigen Top-Brands blicken auf eine lange Tradition zurück. Markenorientierte Unternehmen unserer Tage wissen das und erwarten – auch bei exzellent geplanten und durchgeführten Markenprojekten – keine kurzfristig spürbaren Veränderungen. Sie geben ihrer Marke mindestens zwei bis fünf Jahre Zeit, um der Organisation, die einem Ozeanriesen gleicht, eine Richtungsänderung zu ermöglichen.

> Ganzheitliche Markenprojekte dauern häufig zwei bis drei Jahre, die Arbeit an der Marke endet nie. Unternehmen wie **Linde**, **RWE**, **Altana**, **MAN** oder auch **Bayer**, die zuletzt deutlich an Markenwert zulegen konnten, ernten heute die Früchte, die sie vor Jahren gesät haben.

1.5 Warum Markenführung weit mehr ist als Werbung

Bei Diskussionen mit Vorständen und Praktikern aus der Markenführung fällt immer wieder auf, dass es vor allem die These Nr. 3 ist („Markenführung ist ein integrativer Prozess"), die für Verwirrung sorgt. Und gerade bei Gesprächen mit möglichen oder neuen Kunden erlebe ich zahlreiche Missverständnisse in Bezug auf die funktionale Verantwortlichkeit für Marken, die dazu führen, dass Markenprojekte von der Vorstandsebene an die Marketing- und Werbeabteilung delegiert werden. Deshalb ist es mir an dieser Stelle besonders wichtig, dem Vorurteil entgegen zu treten, die Markenführung sei in jedem Wettbewerbsumfeld und zu jeder Zeit eng mit dem Begriff „Werbung" verbunden. Doch bevor Sie weiter lesen, machen Sie mit mir einen kleinen Test:

> Schließen Sie die Augen und denken Sie an eine starke Marke Ihrer Wahl! Eine Marke, die Sie begeistert und zu der Sie hohes Vertrauen haben. Eine Marke, die Ihnen sympathisch ist und zu der Sie sich als Kunde loyal verhalten.

Die Wahrscheinlichkeit, dass Ihnen bei dieser Übung Namen wie *BMW*, *Coca-Cola*, *Marlboro*, *Nivea*, *Nike*, *Nokia*, *Porsche*, *Persil* oder *Mars* in den Sinn kommen, dürfte sehr hoch liegen. Denn beim Thema Marke denkt man unweigerlich an bekannte, mit hohem Budget beworbene Unternehmen oder Produkte, meist aus dem Bereich der Konsum- oder Gebrauchsgüter. Dies liegt daran, dass sich diese oftmals über Jahrzehnte in unsere

Köpfe eingebrannt haben – mit einer Qualität, die stets unseren Erwartungen entsprach, und mit einem hohen Werbedruck, dem wir fast täglich ausgesetzt waren.

Doch was ist eigentlich eine Marke? Erinnern wir uns an die eingangs diskutierte Feststellung, dass Marken etwas sehr Subjektives sind: In diesem Sinne werden Marken als persönliche Vorstellungen über Unternehmen oder Produkte interpretiert, die sowohl konkrete Eigenschaften als auch Vorurteile über deren Stärken und Schwächen enthalten können. Marken sind sozusagen Bilder in den Köpfen von Kunden, Mitarbeitern, Lieferanten und der Öffentlichkeit. Und diese Bilder entstehen aus direkten oder indirekten Erfahrungen mit den Anbietern.

Für die Markenführung interessiert aus wirtschaftlichen Gesichtspunkten nun ganz besonders, wie diese Bilder aktiv beeinflusst und im Sinne des Markeninhabers gestaltet werden können. Eine gängige Meinung besagt dabei, dass die Werbung eine herausragende Stellung beim Aufbau starker Marken einnehme. Und wie der zuvor durchgeführte „Gedankentest" beweist, sind die Marken, die bei uns „top of mind" sind, in der Regel tatsächlich in den Massenmedien präsent. Die nachfolgende Argumentation wird jedoch zeigen, dass es keine Faustregel gibt: Die Stellschrauben der Markenführung unterschieden sich von Branche zu Branche, ja sogar von Anbieter zu Anbieter. Und das Denken, Fühlen und Verhalten der Mitarbeiter kann im Rahmen der Markenführung eine besondere Rolle spielen.

Schauen wir uns einmal eine der wertvollsten deutschen Marken, nämlich *Nivea*, an. Wie entsteht denn nun die Marke, also das Bild im Kopf? Nun, für *Nivea* ist sicherlich die blaue Dose mit dem weißen Schriftzug typisch. Die Verpackung der *Nivea*-Creme ist sozusagen Bestandteil ihres Markensystems, da wir bei Erwähnung des Namens *Nivea* an diese Blechdose denken. Aber vielleicht verbinden wir mit *Nivea* auch Gefühle wie Pflege oder Jugendlichkeit. Dies dürfte aus unseren Erfahrungen mit den *Nivea*-Produkten insgesamt resultieren und darüber hinaus mit den uns in der Werbung vermittelten Werte der Marken zusammenhängen. Auch der Auftritt von *Nivea* an den Verkaufsstellen, beispielsweise durch Poster oder Verkaufsaktionen, dürfte eine Rolle spielen. Schließlich wird uns bei unserem Bild von *Nivea* auch wichtig sein, ob unsere Freunde und Bekannte das Produkt nutzen und was sie hierüber erzählen. Deren Einschätzungen beruhen allerdings auf ähnlichen Erlebnissen mit *Nivea* wie unsere. Summa Summarum: Die Produkterfahrung und die werbliche Kommunikation spielen bei der Wahrnehmung der Marke die wichtigste Rolle. Und andere mögliche Faktoren, wie etwa das Verhalten der Nivea-Mitarbeiter, nehmen kaum Einfluss, da wir aufgrund des Geschäftsmodells von *Nivea* nicht mit diesen in Kontakt treten.

Im genannten Bereich der schnell drehenden Konsumgüter, für das *Nivea* als Fallbeispiel diente, ist der Einfluss der Werbung auf die Markenwahrnehmung also hoch. Der Kunde jedoch hat neben der Werbung nur beschränkten Kontakt mit der Marke. Weder wird er durch einen Vertriebsmitarbeiter besucht, noch bekommt er eine Rechnung. Und das Unternehmen Beiersdorf, welches hinter *Nivea* steht, kennt er in der Regel gar nicht. Während also Aufbau und Kommunikation emotionaler Erlebniswelten für Konsumgüter besonders wichtig sind, ist dies in vielen anderen Wirtschaftssektoren, in denen ein enger Kontakt zwischen Anbieter und Nachfrager besteht, anders. Der Kunde erfährt die Marke über viele weitere Kontaktpunkte:

- Er bekommt Besuch vom Außendienst.
- Er spricht mit den Mitarbeitern des Kundenservice.
- Er bekommt Rechnungen aus der Buchhaltung.
- Er besichtigt Niederlassungen.
- Er beansprucht Reparaturleistungen.

Wenden wir uns auch hier einem Fallbeispiel zu und betrachten eine erfolgreiche Marke außerhalb des Konsumgüterbereichs, den Autovermieter *Sixt*. Einige Elemente des *Sixt*-Markensystems sind uns, wenn auch in anderer Ausprägung, bereits von *Nivea* bekannt. Anstatt der Farbe Blau wird uns die Farbe Orange in den Sinn kommen, anstatt an Pflege und Jugendlichkeit werden wir wahrscheinlich an niedrige Preise denken und die Marke irgendwie clever, vielleicht sogar etwas vorlaut oder aggressiv finden. Wenn wir jedoch jemals Kunde bei *Sixt* waren oder diesen Schritt ernsthaft in Erwägung zogen, kommen weitere Elemente hinzu, die unsere Markenwahrnehmung prägen:

- Haben wir auf der Internetseite alle notwendigen Informationen zur Anmietung eines Fahrzeugs gefunden?
- Wie haben die Telefonisten in der Reservierungszentrale unseren Buchungswunsch bearbeitet?
- Wie wurden wir von den Service-Mitarbeitern bei der Fahrzeugübergabe am Sixt-Schalter bedient?
- Ging alles schnell und unkompliziert und waren die Mitarbeiter freundlich?
- War der uns überlassene Wagen sauber und verkehrssicher und entsprach er unseren Wünschen?

■ Stimmte bei der Rückgabe die Rechnung, oder erlebten wir unange-
nehme Überraschungen?

Bereits aus dieser unvollständigen Aufzählung unserer potenziellen Kontaktpunkte zu dem Autovermieter wird uns bewusst, dass das Markensystem des Dienstleisters *Sixt* wesentlich komplexer ist als das des schnell
drehenden Konsumguts *Nivea* und dass folglich auch der Beitrag, den die
Werbung zum Aufbau einer starken Marke leisten kann, bei *Sixt* geringer
ist als bei *Nivea*.

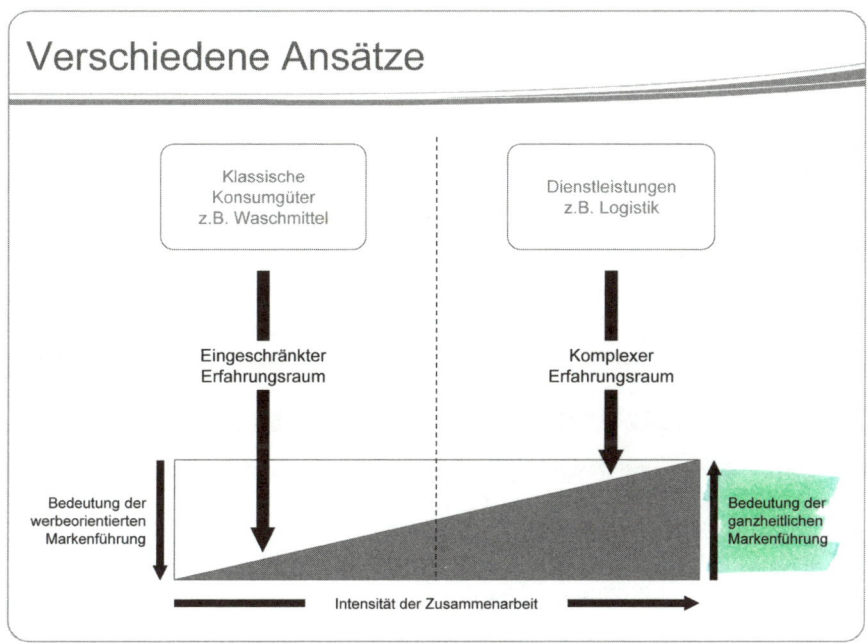

Abbildung 3: Werbeorientierte vs. ganzheitliche Markenführung

Die zitierten Beispiele machen klar: In denjenigen Unternehmen, in denen
die konkrete Interaktion zwischen den beteiligten Personen auf Kunden-
und Anbieterseite im Vordergrund steht und die sich auf eher enge Kunden-
segmente fokussieren, dürfte die Bedeutung der Werbung sogar noch weiter
abnehmen (siehe Abbildung 3). Und für Corporate Brands wie *BASF*,
Degussa, Heidelberg, Linde oder *SAP*, deren Geschäftsmodell eine engere
Einbeziehung der Kunden erfordert, als dies bei den meisten Konsumgütern
die Regel ist, kann das Marketing nur einen kleinen Teil der Markenwahr-

nehmung beeinflussen. Vielmehr steht für diese Marken die Frage im Mittelpunkt, wie sie ihre Identität an allen Stellen, an denen Markenwahrnehmung entsteht („Brand Touch Points"), gegenüber ihren Zielgruppen erlebbar machen können. Und diese die Markenwahrnehmung beeinflussenden Kontakte können in ganz unterschiedlichen Bereichen des Unternehmens liegen, wie beispielsweise dem Vertrieb, dem Kundenservice oder auch der Forschung und Entwicklung.

> Der Expressdienstleister **TNT** ist beispielsweise fest davon überzeugt, dass in der dezentralen Ausrichtung seines Kundenservices ein wesentlicher Treiber seiner Markenwahrnehmung liegt. Obwohl die Führung mehrerer Kundenservicecenter in den regionalen Niederlassungen des Unternehmens deutlich höhere Kosten verursacht als ein zentrales Call-Center, möchte man, wie Geschäftsführer Thomas Kraus umschreibt, nicht darauf verzichten, auch räumlich nah an den Kunden zu sein: „Wir wissen, dass unsere Prozesse in der Kundenbetreuung mehr zur Stärkung unserer Marke beitragen, als dies hoch dotierte Kampagnen jemals könnten."

Fazit: Die Kunden von Unternehmen, die in engem Kundenkontakt stehen (zum Beispiel bei Industriegütern oder Dienstleistungen), haben weitaus mehr Möglichkeiten, die Marke zu erleben, als dies bei einem Kunden von *Persil*, *Marlboro* oder *Nivea* der Fall ist. Markenführung generell ist deshalb weit mehr als Werbung. Ihre Aufgabe ist es, die Marke an allen Kontaktpunkten des Unternehmens zu seinen Stakeholdern und insbesondere zu Kunden und Mitarbeitern gemäß den Zielvorgaben erfahrbar werden zu lassen.

Zwar ist die zentrale Frage nach den Stellschrauben der Markenführung immer situativ zu beantworten. Doch eines scheint klar: Wer Marken immer noch als operativen Spielball der Werbeabteilungen ansieht, wird die Potenziale der ganzheitlichen Markenführung – und somit auch des Internal Brandings – nicht für sich freisetzen können.

1.6 Checkliste: Ist Markenführung für Ihr Unternehmen ein wichtiges Thema?

Die folgende Checkliste ermöglicht Ihnen eine Einschätzung der Bedeutung der Markenführung für Ihr Unternehmen. Je öfter Sie den Aussagen zustimmen können, umso mehr Erfolgsreserven werden Sie mit Hilfe der Markenführung für Ihr Unternehmen erschließen. Können Sie jedoch weniger als dreimal zustimmen, sei Ihnen an dieser Stelle frühzeitig ein Tipp gegeben: Sie sollten Ihre Zeit besser einsetzen, als dieses Buch zu lesen!

Zur Bedeutung und Rolle der Markenführung

		Stimme zu	Weiß nicht	Stimme nicht zu
1.	Kennzahlen und externe Studien zeigen, dass Ihre operative Leistungsfähigkeit (zum Beispiel Ihre Produkt- oder Servicequalität) nicht deutlich besser ist als die Ihrer wichtigsten Wettbewerber.	❏	❏	❏
2.	Sie besitzen keinen Innovationsvorsprung, die Ihre Marktposition gegenüber Ihren wichtigsten Wettbewerbern mehr als fünf Jahre absichert.	❏	❏	❏
3.	Ihre Strategie ist nicht die absolute Kostenführerschaft, und Sie besitzen auch nicht die notwendige Kapitalausstattung, um gegenüber Ihren wichtigsten Wettbewerbern Dumpingstrategien einzusetzen.	❏	❏	❏
4.	Für den Erfolg Ihres Unternehmens ist es wichtig, dass die Loyalität Ihrer Kunden nicht von deren Sympathie gegenüber einzelnen Mitarbeitern abhängt.	❏	❏	❏
5.	Ihre Mitarbeiter sind wichtige Botschafter Ihrer Marke (beurteilen Sie dies gegebenenfalls anhand der Checkliste in Abschnitt 2.4).	❏	❏	❏
6.	Emotionen spielen bei der Kaufentscheidung Ihrer Kunden eine nicht zu vernachlässigende Rolle.	❏	❏	❏
7.	Das durch Ihre Kunden wahrgenommene Kaufrisiko ist nicht unbedeutend, da hohe Investitionen und/oder Folgekosten erforderlich sind.	❏	❏	❏

		Stimme zu	Weiß nicht	Stimme nicht zu
8.	Ihr Unternehmen ist weder Monopolist noch besitzt es lang laufende Patente. Die Branche, in der Sie tätig sind, ist vielmehr sehr wettbewerbsintensiv.	❏	❏	❏
9.	Ihr Unternehmen ist weder hoch spezialisiert, noch wendet sich nur an sehr schmale Kundengruppen.	❏	❏	❏
10.	Ihr Unternehmen hat in seinem Markt keine völlig unbedeutende Marktstellung. Möglicherweise verbinden Sie mit Ihrem Unternehmen anspruchsvolle Ziele.	❏	❏	❏

1.7 Checkliste: Sind Sie bereits ein markenorientiertes Unternehmen?

Die folgende Checkliste ermöglicht Ihnen eine Einschätzung der Markenorientierung Ihres Unternehmens. Je mehr Fragen Sie mit Ja beantworten können, umso markenorientierter ist Ihr Unternehmen. Bei mehr als sieben Ja-Antworten sind Sie bereits heute ein wirklich markenorientiertes Unternehmen, bei weniger als drei besteht diesbezüglich dringlicher Handlungsbedarf.

		Ja	Nein	Weiß nicht
1.	In unserem Unternehmen gibt es ein Markenhandbuch, in dem die Identität unserer Marke(n) genau beschrieben ist.	❏	❏	❏
2.	Ein Mitglied von Vorstand oder Geschäftsführung ist explizit für die Markenführung verantwortlich.	❏	❏	❏

Zur Bedeutung und Rolle der Markenführung

		Ja	Nein	Weiß nicht
3.	Wir erheben regelmäßig, das heißt mindestens alle zwei Jahre, den monetären Wert unserer Marke(n). Bei dieser Erhebung spielen nicht nur quantitative, sondern auch qualitative Elemente eine Rolle.	❏	❏	❏
4.	Unsere Mitarbeiter wissen, wofür unsere Marke(n) steht/stehen. Die Werte unserer Marke(n) sind in der gesamten Organisation bekannt.	❏	❏	❏
5.	Unsere Führungskräfte werden unter anderem daran gemessen, was sie zur Implementierung der Markenwerte beitragen.	❏	❏	❏
6.	Unsere Marke(n) hat/haben bei unseren Kunden – durchgängig über alle Kundengruppen hinweg – ein unverwechselbares Profil.	❏	❏	❏
7.	Unsere Markenwerte helfen uns dabei, Entscheidungen im Tagesgeschäft zu treffen.	❏	❏	❏
8.	Wir erheben regelmäßig, das heißt mindestens alle zwei Jahre, die Wahrnehmung unserer Marke(n) durch unsere Mitarbeiter.	❏	❏	❏
9.	In der Vergangenheit gab es Fälle, in denen wir lukrative Geschäfte abgelehnt haben, weil sie nicht zu uns und unserer/unseren Marke(n) passten.	❏	❏	❏
10.	Unser Vorstand/Geschäftsführer spricht häufig über das Thema Markenführung.	❏	❏	❏

Kapitel 2

Erfolgsfaktor Internal Branding

„Die Marke ist das Ergebnis eines
bedingungslosen Commitments zum Menschen."
(Horst Prießnitz, Hauptgeschäftsführer Markenverband)

2.1 Der Mitarbeiter als Markenbotschafter

Je globaler unsere Welt wird, je mehr Informationen wir mit Hilfe der neuen Medien abrufen und auswerten können und je schneller sich die Dinge um uns herum verändern, umso größer wird unser Bedürfnis nach Halt und Orientierung: Wir wollen wissen, wo wir hingehören. Der Wunsch nach Authentizität und fester Bindung steht zwar im Gegensatz zu Entwicklungen wie der zunehmenden Mobilitätsbereitschaft vieler Arbeitskräfte oder der in der westlichen Welt beobachtbaren Angleichung der Kulturen, doch Untersuchungen zeigen auch, dass traditionelle Werte wie Heimat, Familie oder Treue wieder an Popularität gewinnen.

Nicht nur in unserem privaten Umfeld, sondern auch in der Arbeitswelt sind soziale Bezugssysteme für unser Wohlbefinden und unsere Leistungsfähigkeit überaus wichtig. Solche „privaten" Bezugssysteme sind zum Beispiel Fußballclubs, Kirchen oder auch andere soziale Gruppen, mit denen man bestimmte Wertvorstellungen teilt. Dabei werden diese gemeinsamen Wertvorstellungen oftmals auch mit Hilfe von Marken nach außen und gegenüber sich selbst zum Ausdruck gebracht. Aus der Markenwelt kennen wir solche Phänomene zum Beispiel bei Mode- oder auch Automobilmarken. Gerade jugendliche Cliquen, in die man nur mit bestimmter Markenkleidung Einlass findet, oder auch die zahlreichen VW-, Ford- oder Opelclubs hierzulande führen dies eindringlich vor Augen.

Auch „berufliche" Bezugssysteme könnten starke Arbeitgebermarken darstellen. Doch die Realität in vielen Unternehmen sieht anders aus: Weder wissen die Mitarbeiter, welche Ziele das Unternehmen verfolgt, noch welche Rolle sie persönlich im Rahmen der Unternehmensstrategie spielen und welchen Beitrag sie zu deren Erfüllung leisten müssen. Und nur selten erkennen die Führungskräfte, welchen Beitrag auf Seiten der Mitarbeiter Wissen um und Begeisterung für die eigene Marke zum Erfolg des Unternehmens leisten kann. In der Regel bleibt es diesbezüglich bei Lippenbekenntnissen.

Unternehmen, die sich nicht mit der Wirkung ihrer Marke nach innen beschäftigen, haben eines nicht verstanden: In vielen Branchen sind nicht Produkte, nicht Logos und auch nicht Imagebroschüren, sondern die Mitarbeiter die eigentlichen Repräsentanten der Marke. Dies gilt vorrangig für die Dienstleistungsindustrie, da deren Eigenschaften, die Immaterialität des Angebots und die Einbeziehung des Kunden in die Leistungserstellung, einen engen Kontakt zwischen Kunde und Mitarbeiter notwendig machen. Aufgrund ihrer spezifischen Charakteristika kann der potenzielle Kunde

Erfolgsfaktor Internal Branding

die Dienstleistungsmarke anders als die Produktmarke nicht vor ihrer tatsächlichen Erbringung erleben und wie einen Fernseher im Elektronikfachmarkt testen. Sein Vertrauen in die Leistungsfähigkeit eines speziellen Dienstleisters kann zwar aufgrund vorangegangener Erfahrungen mit diesem besonders stark ausgeprägt sein, Sicherheit über dessen beständige Qualität kann er jedoch nie gewinnen. Denn die Serviceleistung muss ja jedes Mal neu – und zwar in Interaktion mit Menschen – erbracht werden. Die Marke dient dem Kunden zwar, wie *Prof. Manfred Bruhn* es einmal formulierte, zur Orientierung und Schaffung von Vertrauen, indem vor der Kaufentscheidung die Marke als Qualitätssignal und -versprechen interpretiert wird. Dieses Vertrauen basiert aber allenfalls am Anfang des Auswahlprozesses für oder gegen einen Dienstleister auf den durch die werbliche Kommunikation oder durch andere externe Signale geweckten Erwartungen. Je intensiver die Zusammenarbeit dann wird und je öfter sie sich wiederholen soll, umso wichtiger ist das Vertrauen in die Kompetenz des Mitarbeiters, diese Erwartungen auch einzulösen.

Aus diesem Grund wird im Rahmen von Dienstleistungsangeboten der Mitarbeiter zum verlängerten Arm der Markenführung, und dies nicht nur vor, sondern insbesondere während und nach der Erbringung der Serviceleistung. Von dessen Kompetenz, Verhalten, Sprache, Kleidung, Ausstattung etc. wird das Markenpublikum auf die Eignung der Marke zur individuellen Bedürfnisbefriedigung schließen und sich seine Markenwahrnehmung bilden. Folgt man dieser Argumentation, so liegt es auf der Hand, dass nur diejenigen Mitarbeiter, die sich auch tatsächlich im Sinne der durch die Marke geweckten Erwartungen verhalten, zur Stärkung der Marke beitragen. Klafft jedoch erwartetes und reales Verhalten auseinander, führt dies mittelfristig zu Instabilität und Verwässerung der Marke.

Das zentrale Anliegen der Markenverantwortlichen in Dienstleistungsunternehmen sollte es also einerseits sein, in ihrer Markenkommunikation nur solche Erwartungen zu wecken, die die Mitarbeiter auch einlösen können. Deshalb sollte man bereits bei der Definition der Markenwerte die Mitarbeiter intensiv einbeziehen, was wir an späterer Stelle noch ausführlich sehen werden. Andererseits ist es zentrale Aufgabe der Markenführung, den Mitarbeitern das notwendige Wissen um die Marke und ihre Werte zu vermitteln (Brand Knowledge) und sie hierfür zu begeistern (Brand Commitment). Natürlich kann in der Folge markenkonformes Verhalten nur entstehen, wenn auch die notwendigen Fähigkeiten und Rahmenbedingungen vorhanden sind. Es nützt also beispielsweise nichts, Mitarbeiter über einen Markenwert wie Innovation zu informieren und sie hierfür zu begeistern, wenn sie nicht zu innovativem Denken fähig sind oder andere interne Regelungen einem innovativem Verhalten im Wege stehen. Ohne Brand Knowledge und Brand Commitment der Mitarbeiter erscheint es aber beinahe unmöglich, Service Brands erfolgreich zu führen.

Lassen Sie mich dies an einem kleinen persönlichen Beispiel illustrieren:

Vor Kurzem verbrachte ich zwei Nächte in einem 5-Sterne-Hotel in einer deutschen Großstadt. Für dieses Hotel hatte ich mich unter anderem entschieden, weil es laut seiner Homepage eine Destination der Emotionen mit herzlichen Empfang und edlen Serviceleistungen sein sollte und mir dies aufgrund der allgemeinen Reputation der Marke glaubhaft erschien.

Als ich abends laufen gehen wollte und in meiner Jogginghose, die keine Taschen hat, mit meiner Zimmerkarte in der Hand durch die Lobby lief, sprach mich der Portier freundlich an. Sinngemäß sagte er mir, dass mich die Zimmerkarte doch sicher stören würde. Er bot mir an, diese bis zu meiner Rückkehr zu verwahren, und händigte mir diese später wieder lächelnd aus. Was war ich doch begeistert von diesem Hotel, welches vollauf meinen hohen Erwartungen entsprach und für mich von nun tatsächlich eine Destination der Emotionen zu sein schien.

Am nächsten Abend wollte ich wieder laufen gehen. Da „mein" Portier heute keinen Dienst hatte, wendete ich mich an die Rezeption, um dort meine Zimmerkarte abzugeben. Doch zu meinem Erstaunen teilte mir eine junge Dame mit, dass dies „aus sicherheits- und versicherungstechnischen Gründen" nicht möglich sei. Trotz meiner Einwände bestand sie darauf, ich müsse meine Karte schon selber mit mir führen. Eine Ausnahme sei unmöglich.

Was lernen wir aus diesem Beispiel? Wenn es dem Management nicht gelingt, Mitarbeitern die Werte der eigenen Marke zu vermitteln und sie hiervon zu begeistern, so macht sich das Unternehmen zum Spielball individueller Meinungen darüber, was von seinen Mitarbeitern erwartet wird. So sinnvoll es auch generell sein mag, keine Zimmerkarten zu verwahren, zumal diese wirklich klein und handlich sind und in keiner Tasche stören, so fehl am Platz war in meinem Fall die Reaktion der jungen Dame. Bei Kenntnis und Akzeptanz des Markenwertes „100 Prozent Serviceorientierung" hätte sie wissen müssen, dass sie die gängige Verfahrensregel brechen darf, ja brechen muss, um die Marke nicht zu schädigen.

Bitte verstehen Sie mich nicht falsch: Aus der Sicht des markenorientiert Denkenden geht es nicht darum, Freundlichkeit und Kundenorientierung – so wichtig diese Elemente auch sind – als die einzigen wahren Orientierungsrahmen einer erfolgreichen Markenführung zu propagieren. Aus der Sicht der Marke ist einzig und allein entscheidend, dass das Verhalten der Mitarbeiter stimmig sein muss zu ihren Werten, also zum geleisteten Versprechen. Doch nicht jedes Dienstleistungsunternehmen muss auf Freundlichkeit und Kundenorientierung als zentrale Eckpfeiler der Marke setzen. Zwar geht es ganz ohne den höflichen Umgang miteinander natürlich auch nicht, aber im Zentrum der Markenführung sollten authentische Werte stehen, deren Umsetzung die Marke von Wettbewerbern differenziert. Und hierbei spielen die Mitarbeiter in jedem Fall eine zentrale Rolle. Machen Sie sich dies durch folgende Beispiele deutlich:

> Wenn Sie einen Flug mit **Lufthansa** buchen, erwarten Sie ein anderes Verhalten der Flugbegleiter als bei **Ryan Air**. In der Schalterhalle der **Deutschen Bank** wären sie sehr überrascht über einen Kundenberater in Jeans und Turnschuhen, bei der jungen **Sparkasse** in Kitzbühel ist das völlig in Ordnung. In Ihrer Mercedes-Werkstatt begrüßt man Sie mit einem Kaffee, bei **Pit-Stop** akzeptieren Sie es, wenn der Werkstattmeister Sie etwas länger warten lässt. Von den Mitarbeitern der Unternehmensberatung **Porsche Consulting** erwarten Sie schnelle Resultate, von den Consultants bei **McKinsey** hohe strategische Kompetenz. Und die Mitarbeiter im Münchner Feinkostgeschäft von **Dallmayer** müssen Ihnen sämtliche Fragen rund um Kaffee beantworten können, während die Verkäufer bei **Tchibo** die Sonderangebote der nächsten Woche kennen sollten.

Fassen wir kurz zusammen: Im Dienstleistungsgeschäft ist der Mitarbeiter die wichtigste Schnittstelle zwischen Kunde und Marke. Sein Denken, Fühlen und Verhalten prägt die Markenwahrnehmung des Kunden ganz entscheidend und oftmals viel stärker als alle andere Signale. Deshalb ist der Mitarbeiter der wichtigste Markenbotschafter eines Dienstleisters. Und für die Unternehmensführung wäre es fahrlässig, dessen Verhalten nicht durch ein zielgerichtetes „Behavioural Branding" zu beeinflussen.

Doch nicht nur für Dienstleister sind Aufbau und Pflege von Marken durch marken-, also zielgerichtetem Mitarbeiterverhalten der Schlüssel zum Erfolg. Der Anteil der mit dem Produktkauf verbundenen Serviceleistungen steigt nicht nur in der deutschen Industrie immer weiter an, und das reine Produktgeschäft ist nur noch selten anzutreffen. Ergänzende Serviceleistungen werden allgemein zu einem wichtigen Leistungsbestandteil. Dies gilt natürlich insbesondere für das klassische B2B-Geschäft, welches aber ohnehin durch eine enge Verzahnung zwischen Anbieter und Nachfrager gekennzeichnet ist. Aber auch im Handel und bei vielen langlebigen Gebrauchsgütern im privaten Umfeld gilt das Gesagte. Überall dort, wo Mitarbeiter häufig und intensiv in Kontakt mit Kunden oder anderen wichtigen Anspruchsgruppen stehen, stehen die Mitarbeiter als Markenbotschafter im Zentrum der Markenführung. Denn das beobachtbare Verhalten und Auftreten der Unternehmensrepräsentanten führt zu Vorurteilen, die sich in der Markenwahrnehmung und somit in der Beurteilung der Marke manifestieren.

Was denken Sie von einem **Ford**-Händler, der privat lieber **BMW** fährt, und wie wirkt sich diese Tatsache auf Ihre Markenwahrnehmung von Ford aus? Trägt die Tatsache, dass Servicemitarbeiter von **Miele** ihre Schuhe vor Betreten Ihrer Wohnung ausziehen, zur Wertschätzung der Marke bei? Haben Sie jemals einen Mitarbeiter von **3M**, die unter anderem die kleinen gelben Klebezettel, genannt Post-it, herstellen, von der Innovationsfähigkeit des Unternehmens schwärmen hören, und wie würden Sie nach einem solchen Gespräch die Innovationsfähigkeit von 3M einschätzen? Würden Sie ebenso wie ich Positives über den Pharmahersteller **Pfizer** (zum Beispiel Viagra) denken, wenn Sie dort bei Geschäftsterminen vom Pförtner freundlich lächelnd mit Ihrem Namen begrüßt würden? Und welches Markenbild entsteht bei Ihnen, wenn der Vertriebsmitarbeiter eines Lieferanten sich nicht auf Ihr lange vereinbartes Gespräch vorbereitet hat und Ihren Bedarf überhaupt nicht kennt?

2.2 Für wen das Internal Branding besonders viel leisten kann

Die innengerichtete Markenführung ist in den letzten Jahren zu einem wesentlichen Erfolgsfaktor der unternehmerischen Tätigkeit geworden. So sehr dieser generelle Anspruch auch zu untermauern ist, so gilt er doch nicht für alle Unternehmen und Branchen in gleichem Ausmaß. Zwar wird es fast immer bedeutsam sein, motivierte und kompetente Mitarbeiter zu beschäftigen. Von der Leistung des Humankapitals, wie die Mitarbeiter manchmal etwas lieblos bezeichnet werden, hängt naturgemäß – solange es den perfekten Roboter noch nicht gibt – vieles ab. Denn selbst bei reinen Produktionsbetrieben müssen Maschinen bedient und gewartet werden, Gebäude verwaltet, Einkäufe getätigt und Abrechnungen erstellt werden. Und die Menschen, die hierfür zuständig sind, müssen wiederum von irgendjemandem geführt werden. Aber trotz der hohen Bedeutung des menschlichen Faktors in Unternehmen gilt: Nicht immer sitzen die Mitarbeiter eines Unternehmens auch an denjenigen Brand Touch Points, die für die Markenwahrnehmung tatsächlich relevant sind.

Generell gibt es zwei Situationen, in denen das Denken, Fühlen und Verhalten des Mitarbeiters einen ganz wesentlichen Einfluss auf die Wahrnehmung eines Kunden oder Interessenten nimmt. Dies ist zum einen immer dann der Fall, wenn Unternehmen wesentliche Teile ihres Angebots an der Schnittstelle zwischen Mitarbeitern und Kunden erbringen. Dies dürfte bei den meisten B2B-Anbietern und Handelsunternehmen zutreffend sein. Zum anderen sollte das Internal Branding immer dann eine besondere Bedeutung einnehmen, wenn dem Mitarbeiter aufgrund der Ermangelung anderer greifbarer Wahrnehmungsanker die zentrale Rolle dabei zukommt, Schlüsselinformationen an die Kunden und an andere Anspruchsgruppen zu vermitteln. Dies ist in der Regel bei Dienstleistern zu beobachten. Insofern sind B2B-, Dienstleistungs- und Handelsunternehmen diejenigen Unternehmen, die sich zu Experten des Internal Branding entwickeln sollten, wollen sie die Potenziale ihrer Marken voll entfalten.

Doch leider sind viele dieser Unternehmen noch weit von einem Expertenstatus entfernt. Dies lassen zumindest die Ergebnisse einer Studie vermuten, die Ende des Jahres 2006 an der Berufsakademie Mannheim durchgeführt wurde. In der Studie wurden führende deutsche Dienstleistungsunternehmen bezüglich ihrer internen Markenführung analysiert. Die befragten Manager gaben zum Beispiel an, dass ihnen die innengerichteten Instrumente der Markenführung (zum Beispiel interne Kommunikation, spezifische Maßnahmen des Personalmanagements etc.) weniger wichtig sind als die außengerichteten (zum Beispiel externe Kommunikation) und dass sie auch weniger erfolgreich eingesetzt werden. Dies mündet beispielsweise in der beinahe paradoxen Feststellung, dass Deutschlands Dienstleister erfolgreicher darin sind, nach außen eine einheitliche Markenwahrnehmung zu erzeugen als nach innen. Dass Marke jedoch weit mehr ist als ein „Phänomen in Form und Farbe", sollten gerade diese Unternehmen wissen.

Schauen wir uns doch einmal drei Unternehmen genauer an, die den erwähnten Kategorien zugeordnet werden können. Wo liegen die Brand Touch Points bei der Hotelkette *Ritz-Carlton* (Dienstleister), bei dem Maschinenbauer *Heidelberger Druckmaschinen* (B2B-Unternehmen) und bei dem Einrichtungshaus *Reuter + Schmidt* (Händler)?

> Die nach innen gerichtete Philosophie der Luxushoteliers von **Ritz-Carlton** ist schon beinahe legendär: „We are ladies and gentlemen serving ladies and gentlemen", so kommuniziert es das Unternehmen. Denn Ritz-Carlton hat erkannt, dass über die Hardware eines Hotels, also die technische Ausstattung oder die Einrichtung, schon lange keine nachhaltige Faszination bei den Kunden mehr ausgelöst werden kann. Selbst spezifische Eigenschaften, wie eine besonders gute Lage oder ein historische Ambiente, reichen nicht mehr aus, um sich von anderen Nobelherbergen zu unterscheiden. Die so genannte Software aber, also weiche Faktoren, wie die Freundlichkeit beim Check-in am Empfang, die allgemeine Aufmerksamkeit des Services oder die Motivation der Zimmerdamen, sind für Ritz-Carlton echte Differenzierungsmerkmale. Denn diese Elemente sind erstens in der Wahrnehmung der Gäste höchst relevant, wenn diese das Gesamterlebnis ihres Hotelaufenthalts bewerten, und zweitens durch Wettbewerber nur schwer zu imitieren. Aus diesem Grund trainiert Ritz-Carlton seine Mitarbeiter intensiv bezüglich Begrüßung, Ansprache und Verabschiedung jedes Gastes. Diese Punkte werden in den regelmäßigen internen Besprechungen immer

wieder diskutiert, da sie in jeder Situation, also beim Einchecken im Hotel, bei einer flüchtigen Begegnung im Flur oder bei der Bestellung im Restaurant, einfach perfekt funktionieren müssen, sollen sie dazu beitragen, das Markenversprechen einzulösen. Weiterhin werden die Mitarbeiter dahingehend sensibilisiert, wie sie Wünsche der Gäste erkennen und erfüllen können, um nicht nur zu reagieren, sondern tatsächlich zu agieren.

Heidelberger Druckmaschinen lebt von dem legendären Qualitätsimage seiner Produkte. Es gibt unzählige Berichte von Maschinen, die vor 50 oder 60 Jahren produziert wurden, in den letzten Winkeln dieser Welt aber noch regelmäßig die Herausgabe einer Tageszeitung oder sonstiger Druckmaterialien ermöglichen. Doch die Faszination, die von den Heidelberg-Produkten ausgeht und natürlich auch in solchen Geschichten transportiert wird, in denen stets das Produkt der Held ist, wäre sicherlich nicht möglich ohne den engagierten Beitrag der Mitarbeiter des Unternehmens. Deren Beitrag zur Herausbildung von Markenwahrnehmung wird natürlich in der Produktion geleistet, aber eben auch an anderen Stellen der Wertschöpfungskette, die für die Marke vielleicht ebenso wichtig sind. Beispielsweise wird der Vertrieb erheblichen Einfluss auf die Beurteilung der Marke nehmen: Insbesondere gegenüber potenziellen Neukunden, die nur wenig Erfahrung mit den Produkten des Unternehmens haben, liegt es an den Vertriebsmitarbeitern, Heidelbergs Markenwerte „Stärke, Nähe und Vertrauen" durch kongruentes Verhalten glaubhaft zu kommunizieren. Nicht nur der Erstkontakt, sondern insbesondere die genaue Spezifikation eines neuen Drucksystems ist dabei ein wesentlicher Teil der Leistung an der Schnittstelle zwischen Mitarbeitern und Kunden. Gelingt es dann, potenzielle Kunden zum Käufer zu machen, so werden beim Beispiel Heidelberger Druckmaschinen – neben vielen weiteren Brand Touch Point – vor allem Servicefälle die bestehende Markenwahrnehmung festigen oder verändern. Im Notfall sind sehr viele Ersatzteile von Heidelberg weltweit innerhalb von 24 Stunden verfügbar. Dies untermauert natürlich die Markenwerte „Nähe und Vertrauen". Doch nicht nur die Mitarbeiter aus Vertrieb und Service sind Botschafter der Marke Heidelberg: Auch diejenigen in der Print Media Academy, der Akademie der Heidelberger Druckmaschinen, in der jährlich hunderte Kunden nicht nur zu Produktfragen, sondern auch zu allgemeinen Themen der Druckbranche geschult werden, sind für die Entstehung von Markenwahrnehmung verantwortlich. Letztlich ist es somit wieder der Mensch, der das Markenversprechen von Heidelberg einlösen muss.

Reuter + Schmidt ist ein Einrichtungshaus wie jedes andere. Und eben auch nicht. Denn „eine Mannheimer Einrichtung", wie sich das in der Mannheimer Innenstadt beheimatete Unternehmen nennt, positioniert sich als Quelle der Inspiration, als Ort des luxuriösen, stilvollen Wohnens sowie als exzellenter Gestalter von Lebenswelten. Die Produkte von Reuter + Schmidt sind selbstverständlich nahezu identisch oder vergleichbar mit denjenigen, die sie in anderen hochwertigen Einrichtungshäusern kaufen können. Auch die geführten Marken kann man an anderer Stelle zu vergleichbaren Preisen beziehen. Aber nur wenigen Wettbewerbern gelingt es, sich so eindeutig zu positionieren wie Reuter + Schmidt. Natürlich wird dieser Positionierung auch Ausdruck verliehen über Lage und Ausstattung des Ladengeschäfts und über die Kommunikation des Unternehmens in Anzeigen und Mailings. Aber das wichtigste Element für die Markenwahrnehmung dieses Händlers ist das Denken, Fühlen und Verhalten der Mitarbeiter. Schon die Begrüßung, wenn ein möglicher Kunde den Laden betritt, trägt zur Markenwahrnehmung bei – sympathisch und freundlich, aber nicht zu aufdringlich oder gar arrogant zu sein, ist ein zentraler Erfolgsbaustein. Die Mitarbeiter müssen dann natürlich firm sein in allen Fragen der Inneneinrichtung sowie hoch kompetent beraten können. Aber fast am wichtigsten ist es, dass man ihnen die Freude und den Enthusiasmus ansieht, sich mit den schönen Dingen des Lebens zu beschäftigen. Sie müssen einfach eine kreative Atmosphäre versprühen, will das Unternehmen tatsächlich als „Quelle der Inspiration" wahrgenommen werden.

Vielleicht denken Sie jetzt mit Blick auf die aufgeführten Beispiele, dass hier von Selbstverständlichkeiten die Rede ist. „Wie trivial", mag Ihnen vielleicht durch den Kopf gehen. Oder auch: „Gute Personalführung war doch schon immer ein Erfolgsfaktor der unternehmerischen Tätigkeit." Aber ganz so einfach sollten Sie es sich nicht machen. Natürlich haben erfolgreiche Unternehmer und Manager ihre Mitarbeiter schon immer begeistert und motiviert, sich für die Unternehmensziele einzusetzen. Und natürlich leisten viele Mitarbeiter einen wirklichen guten Job, ohne jemals über die Markenwerte ihres Unternehmens nachgedacht zu haben. Und Sie haben Recht: Das Internal Branding ist natürlich kein neues Konzept, sondern war schon immer Bestandteil einer guten und richtigen Unternehmensführung. Es gibt aber zwei ganz entscheidende Gründe, warum das Internal Branding in den besonderen Fokus der Unternehmen rücken sollte:

- Erstens wird es aus verschiedenen und im Verlauf dieses Buches bereits dargestellten Gründen immer wichtiger, das Identifikationspotenzial einer starken Marke nach Innen zu nutzen.

- Und zweitens ist es Erfolg versprechender, die Methoden der internen Markenführung bewusst und nach bewährten Regeln einzusetzen, als sich alleine auf sein Bauchgefühl zu verlassen.

Aus diesen beiden Gründen wird in den folgenden Abschnitten ein konkreter und bewährter Weg aufgezeigt, den diejenigen Unternehmen gehen sollten, die die Chancen des Internal Branding für sich nutzen wollen.

Doch lassen Sie uns noch einmal zusammenfassen, was wir aus den Beispielen *Ritz-Carlton*, *Heidelberg* und *Reuter + Schmidt* für das Einsatzgebiet des Internal Branding schlussfolgern können: In denjenigen Branchen und bei den Unternehmen, in denen es zu großen Teilen von den Mitarbeitern abhängt, das durch das Unternehmen kommunizierte Markenversprechen auch tatsächlich einzulösen, muss der internen Markenführung eine beson-

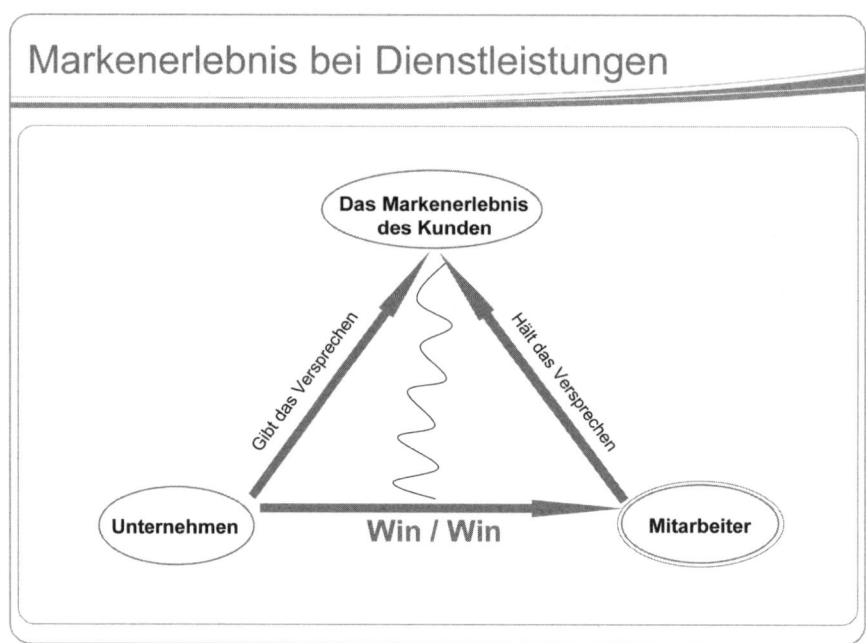

Markenerlebnis bei Dienstleistungen

Das Markenerlebnis
des Kunden

Gibt das Versprechen

Hält das Versprechen

Unternehmen

Win / Win

Mitarbeiter

Abbildung 4: Das Markenerlebnis bei Dienstleistungen

dere Aufmerksamkeit zukommen (vgl. Abbildung 4). Das heißt nicht, dass das Denken, Fühlen und Verhalten der Mitarbeiter im Kontext von Marken wie *Coca-Cola, Marlboro* oder *San Pellegrino* unwichtig ist – Markenwahrnehmung bildet sich bei diesen schnell drehenden Konsumgüter aber vor allem über die direkte Erfahrung mit dem Produkt und die Markenwerbung. Der Mitarbeiter hat weniger direkten Einfluss darauf, die Markenwahrnehmung potenzieller Kunden zu gestalten. Internal Branding ist in solchen Umfeldern zwar ein wichtiger, aber kein existenzieller Bestandteil der Markenführung.

2.3 Das Internal Branding als Teilprozess der ganzheitlichen Markenführung

Der Prozess der Markenführung muss ganzheitlich erfolgen und im Sinne eines 360-Grad-Brandings sowohl die interne als auch die externe Perspektive einbeziehen. Dabei gilt es, die besonderen Erwartungen aller Anspruchsgruppen (Stakeholder) eines Unternehmens, also Kunden, Mitarbeiter, Lieferanten, Kapitalgeber und Gesellschaft, an dieses zu prüfen, in der eigenen Markenstrategie zu berücksichtigen sowie in den markenorientierten Projekten abzubilden.

Das Internal Branding umfasst all diejenigen Konzepte und Maßnahmen eines Unternehmens, die darauf ausgerichtet sind, die Marke nach innen zu implementieren. Es geht also im Rahmen des Internal Branding stets darum, Mitarbeiter zu befähigen und zu motivieren, das durch das Unternehmen kommunizierte Leistungsversprechen gegenüber den Kunden und anderen Stakeholdern einzuhalten. Letztlich ist das Ziel des Internal Branding, Verhalten im Sinne der Marke aktiv zu beeinflussen. Deshalb wird gelegentlich auch von „Behavioural Branding" gesprochen.

Auch wenn der Schwerpunkt des Internal Branding eindeutig bei der Implementierung konkreter, markenorientierter Maßnahmen für die Mitarbeiter liegt, so muss die innengerichtete Markenführung stets in den Gesamtprozess der Markenführung integriert werden. Die interne Markenführung ist erstens von Informationen abhängig, die im Rahmen der Markenanalyse zu beschaffen sind. Diese Informationen werden in der Regel sowohl unternehmensexterne als auch interne Bereiche betreffen und werden bei langfristig angelegten Markenprojekten oftmals zeitgleich erhoben. Zweitens können Maßnahmen des Internal Branding nur greifen, wenn sie auf eine Markenidentität ausgerichtet sind, die selbst wiederum eine geeignete Basis für interne und externe Zielgruppen bietet. Die Entwicklung getrennter Identitäten beispielsweise für Mitarbeiter und Kunden würde – auch wenn natürlich unterschiedliche Schwerpunkte gesetzt werden können – den Gedanken der ganzheitlichen Markenführung ad absurdum führen. Die Verwirrung in den Märkten wäre groß, wenn die über die Kommunikation des Unternehmens erlebte Markenidentität nicht mit der durch die Mitarbeiter vermittelten übereinstimmte und dies auf einer bewussten Strategie des Unternehmen beruhen würde. Denn es ist ja gerade das Ziel der ganzheitlichen Markenführung, kommunizierte und erlebte Markenidentität in Einklang zu bringen.

Also: Auch wenn das Internal Branding im engeren Sinne die Umsetzung der Markenidentität in das Unternehmen hinein fokussiert, so müssen in einem Internal-Branding-Prozess alle Phasen der ganzheitlichen Markenführung – die Markenanalyse, die Markendefinition, die Markenimplementierung und die Markenerfolgskontrolle – durchlaufen werden, wenn die Marke den Mitarbeitern gegenüber erfolgreich vermittelt werden soll. Deshalb werden wir im folgenden Kapitel auch alle Phasen der ganzheitlichen

Markenführung beschreiben, auch wenn wir bei der Darstellung der jeweiligen Phase innengerichtete Aspekte besonders betonen.

2.4 Checkliste: Wie wichtig ist das Internal Branding für Sie?

Die folgende Checkliste ermöglicht Ihnen eine Einschätzung der Bedeutung des Internal Branding für Ihr Unternehmen. Je mehr Fragen Sie mit Ja beantworten können, umso wichtiger ist die interne Markenführung für Sie. Bei mehr als sieben Ja-Antworten sollten Sie dem Internal Branding einen hohen Stellenwert einräumen.

		Ja	Nein	Weiß nicht
1.	Wir sind ein Dienstleistungsunternehmen. Oder: Unsere Produkte sind erklärungsbedürftig und/oder benötigen einen hohen Grad an Serviceleistungen.	❑	❑	❑
2.	Unsere Leistungserstellung ist sehr komplex. Viele unterschiedliche Abteilungen und/oder Lieferanten sind in unsere internen Prozesse eingebunden.	❑	❑	❑
3.	Viele unserer Mitarbeiter haben Kontakt zu unseren Kunden.	❑	❑	❑
4.	Unsere Mitarbeiter haben häufig Kontakt zu unseren Kunden.	❑	❑	❑
5.	Die Intensität der Kundenkontakte unserer Mitarbeiter ist hoch.	❑	❑	❑
6.	Unsere Kunden wirken bei der Leistungserstellung mit – wir integrieren sie in unseren Prozess der Leistungserstellung.	❑	❑	❑
7.	Das Involvement unserer Kunden ist eher hoch, da der Bezug unserer Produkte/ Dienstleistungen mit einem vergleichsweise hohen wahrgenommenen Risiko verbunden ist.	❑	❑	❑

		Ja	Nein	Weiß nicht
8.	Unsere Mitarbeiter stehen häufig in der Öffentlichkeit bzw. stehen in enger Verbindung mit Meinungsführern.	❑	❑	❑
9.	Wir sind ein Konzern, der in vielen unterschiedlichen Märkten (horizontal, vertikal, lateral) tätig ist.	❑	❑	❑
10.	Wir sind ein „Systemhaus", das heißt für unseren Markterfolg ist ein hoher Grad an Standardisierung sehr wichtig.	❑	❑	❑

Kapitel 3

Internal Branding: Die Gestaltung markenorientierter Veränderungsprozesse

„Das Ziel der Markentechnik ist die Sicherung einer Monopolstellung
in der Psyche der Verbraucher."
(Hans Domizlaff, Begründer der Markentechnik)

3.1 Die Phasen eines markenorientierten Veränderungsprozesses

Natürlich stellt sich die Frage, wie sich ein Unternehmen, das sich bislang nicht intensiv mit der Markenführung beschäftigt hat, diesem Thema annähern sollte. Wie geht man konkret vor, wenn man eine starke Marke aufbauen oder ein Unternehmen markenorientiert führen möchte? Hierfür gibt es in zahlreichen Veröffentlichungen eine Reihe an brauchbaren Vorschlägen, die sich mitunter auch in der Praxis bewährt haben. In der Regel handelt es sich um Phasenmodelle, die in idealtypischer Weise aufeinander abfolgende Projektschritte umreißen.

Einen interessanten Vorschlag unterbreiten die *Professoren Burmann* und *Meffert*. Sie unterteilen die Markenführung in drei Phasen (siehe Abbildung 5), innerhalb derer Schritt für Schritt zunächst strategische Entscheidungen, zum Beispiel über die Ausgestaltung der Markenidentität, zu treffen sind, operative Themen, wie etwa die Umsetzung der Markenidentität in die Elemente des Marketing-Mix, bearbeitet werden müssen und schließlich

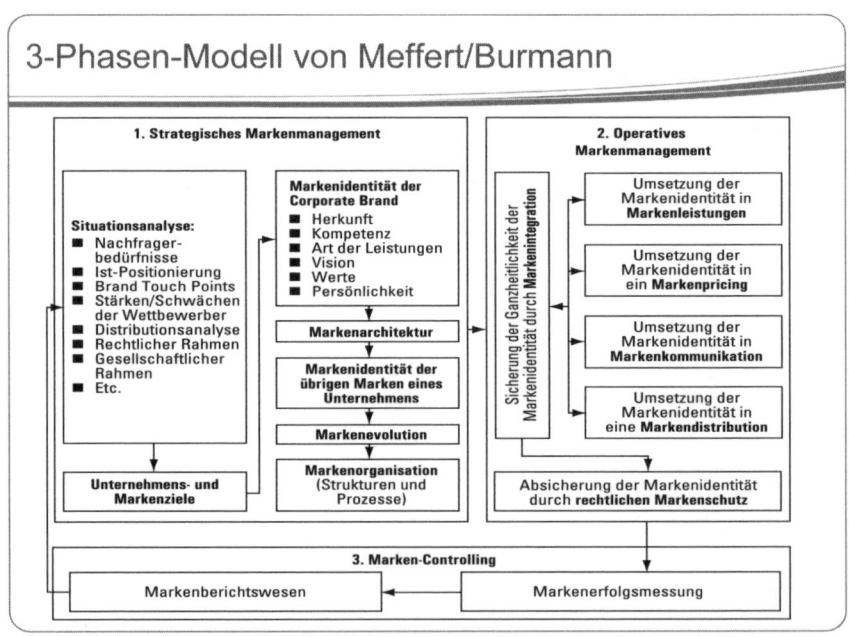

Abbildung 5: Der Prozess des identitätsorientierten Markenmanagements (3-Phasen-Modell) nach Burmann/Meffert

der Erfolg der eingeleiteten Maßnahmen zu überprüfen ist. Mit der letztge-
nannten Phase, dem Marken-Controlling, ist allerdings der Gesamtprozess
nicht abgeschlossen: Er mündet vielmehr in einen Kreislauf, der ein wieder-
kehrendes Durchlaufen aller Phasen, gegebenenfalls in korrigierter oder
abgespeckter Form, notwendig macht.

Modelle wie das von *Burmann* und *Meffert* gibt es einige, auch wenn diese
nicht immer so logisch und gehaltvoll sind wie im Falle der beiden Wissenschaftler. Doch nur wenige Autoren gehen im Rahmen ihrer Modellbildung
explizit auf die besonderen Anforderungen ein, die ein Markenführungsprojekt bezogen auf die Steuerung von Veränderungsprozessen (Change
Management) mit sich bringt. Hierzu unterbreitet *Prof. Esch* wertvolle Rat-
schläge. Er spricht von der Notwendigkeit eines markenspezifischen Change-
Management-Prozesses und entwickelt hierfür das SIIR-Modell (vgl. Abbildung 6). Dieses schlägt vor, zunächst das Unternehmen, also beispielsweise
die wichtigsten internen Multiplikatoren, für das Thema Markenführung
zu sensibilisieren, dann viele Mitarbeiter zu involvieren, später möglichst
viele Abteilungen in den Markenführungsprozess zu integrieren und schließlich auf die notwendigen Veränderungen zu reagieren.

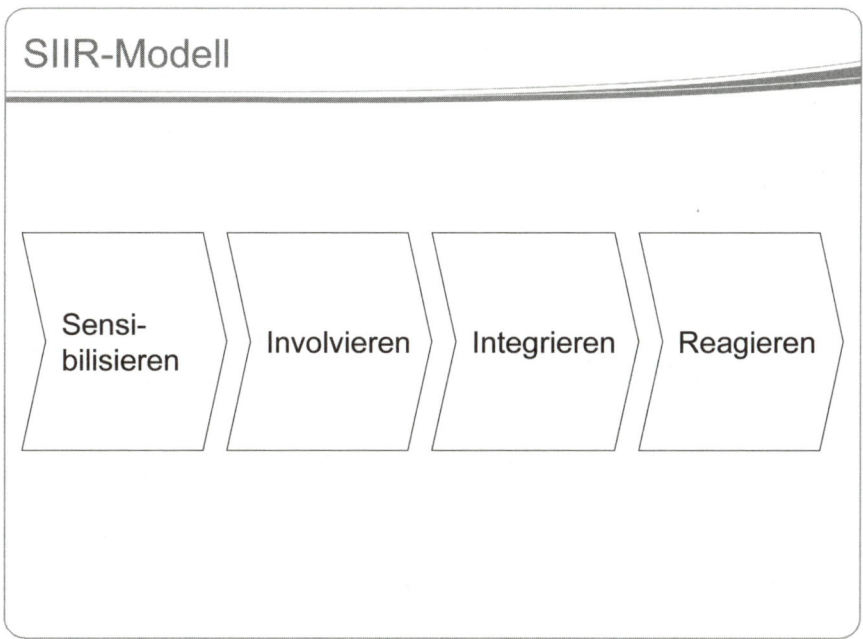

Abbildung 6: Das SIIR-Modell von Esch

Beide Betrachtungsperspektiven – sowohl die technische, die beantwortet, welche fachlichen Schritte eine Markenführungsprojekt durchlaufen muss („Was ist zu tun?"), als auch die emotionale, die Erkenntnisse des Change Managements integriert („Wie ist es zu tun?") – sind für ein erfolgreiches Internal Branding von zentraler Bedeutung. Beide Perspektiven sollen deshalb in diesem Kapitel beleuchtet werden. Da ich mich in meiner Beratungspraxis an einem mehrstufigen Phasenmodell orientiere, das ich „Werteorientierte Markenführung" nenne, möchte ich dieses auch an dieser Stelle nutzen. Dieses 6-Phasen-Modell mit vier aufeinander folgenden und zwei übergreifenden Projektphasen unterscheidet sich von anderen Modellen nicht wesentlich, aber es hat sich in der Praxis bewährt. Dabei ist zu berücksichtigen, dass das Modell nicht explizit für das Internal Branding entwickelt wurde, sondern als ganzheitliches Markenführungsmodell bezeichnet werden kann. Deshalb wird es zunächst aus der ganzheitlichen Perspektive beschrieben, bevor in den Abschnitten 3.2 bis 3.6 auf die Ausprägungsform des Modells in internen Markenführungsprojekten eingegangen wird.

Das Modell der „Werteorientierten Markenführung" lässt sich folgendermaßen zusammenfassen (vgl. Abbildung 7):

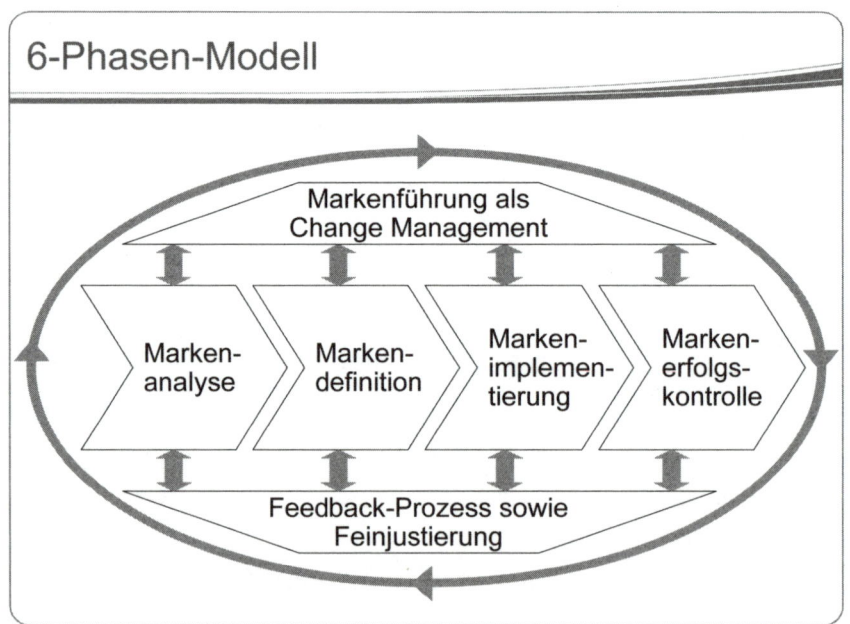

Abbildung 7: Der Ablauf markenorientierter Veränderungsprozesse nach dem 6-PhasenModell

Phase 1: Analyse der Marke und der Umfeldfaktoren

Ziel der „Auftaktphase" ist es, die aktuelle Markenwahrnehmung aus der Sicht der unterschiedlichen Stakeholder zu erheben, um diese mit den relevanten Kontextfaktoren (aktuelle und zukünftige Kundenerwartungen, Positionierung des Wettbewerbs etc.) abzugleichen. Bestehen signifikante Unterschiede zwischen aktueller Wahrnehmung und den aus der Umfeldanalyse abgeleiteten Erfordernissen, so ist über eine Neuausrichtung bzw. Aktualisierung der Markenidentität nachzudenken. Bewährte Instrumente dieser Phase sind standardisierte Markenstatusanalysen, die von den einschlägigen Marktforschungsinstituten angeboten werden, sowie Marktanalysen und Zukunftsszenarien.

Phase 2: Definition der Markenidentität

In Phase 2 geht es darum, die Markenidentität festzuschreiben. Unter Markenidentität versteht man im Sinne des identitätsorientierten Ansatzes das Selbstbild, das im Unternehmen von der Marke besteht. Hier geht es allerdings nicht darum, das Ist dieses Selbstbildes, sondern das Soll zu definieren. Die Markenidentität repräsentiert die gewünschte Markenwahrnehmung oder auch das anzustrebende Markenimage. Bei der Bestimmung der Soll-Identität werden diejenigen Werte und Attribute festgelegt, die sich mittel- bis langfristig im Denken der Anspruchsgruppen wiederfinden sollen. Zu beachten ist dabei, dass diese Soll-Identität keine utopischen Wünsche des Managements enthält, sondern auf den zuvor identifizierten Stärken beruht. Attraktiv für die Zielgruppen und dennoch authentisch zu sein, ist hier das Gebot der Stunde. Als Instrumente dieser Phase dienen unter anderem Markenworkshops mit dem Führungskreis und mit Mitarbeitern. Eine Beteiligung ausgewählter Multiplikatoren aus der Mitarbeiterschaft ist deshalb bereits in dieser Phase anzuraten, da hierdurch einerseits der Bezug zum Tagesgeschäft sichergestellt und andererseits der Markengedanke tief in das Unternehmen hineingetragen wird. Das Resultat ist häufig ein Markenhandbuch, in dem Eigenschaften und Werte der Marke detailliert beschrieben werden und das somit als Regelwerk markenkonformen Verhaltens dient.

Phase 3: Gestaltung der Markenidentität nach innen und außen

In der Phase 3, dem Herzstück der „Werteorientierten Markenführung", ist das Unternehmen im Hinblick auf mögliche „Gaps" zwischen Soll-Identität und aktueller Situation zu durchleuchten. Aufbauend auf den festgestellten Defiziten sind Projekte und Sofortmaßnahmen zu definieren, die in der Folge konsequent umzusetzen sind. Nach außen wird Handlungsbedarf vor allem in der Abstimmung aller Kommunikationsmaßnahmen auf die Soll-Identität der Marke bestehen. Nach innen gilt es, die Stellschrauben für das interne „Brand Commitment" zu justieren, die zum Beispiel in der innengerichteten Kommunikation oder auch in der markenorientierten Führung liegen können. Auch der Aufbau markenkonformer Strukturen und Prozesse könnte notwendig werden. Besonders wichtig für einen erfolgreichen Projektverlauf ist es in dieser Phase, durch funktionsübergreifende Workshops sowie durch eine zielgruppen- und dialogorientierte Kommunikation viele Mitarbeiter einzubeziehen und damit Betroffene zu Beteiligten zu machen. Auch die Art und Weise, wie die Führungskräfte die Markenwerte vorleben und somit ihre Vorbildfunktion wahrnehmen, trägt entscheidend für eine erfolgreiche Implementierung der Markenidentität im Unternehmen bei.

Phase 4: Erfolgsmessung

Frei nach dem Motto: „Nur was messbar ist, ist zu managen", ist auch der Erfolg der Markenführung – und natürlich auch der internen Markenführung – systematisch zu überprüfen.

- Haben die eingeleiteten Maßnahmen dazu beigetragen, das Soll-Bild der Markenidentität zu implementieren?
- Wie sehen die Stakeholder heute die Marke?
- Und ist der Wert der Marke nachhaltig gestiegen?
- Solche und ähnliche Fragen sind durch die Marktforscher zu beantworten und können wiederum in eine neue Analysephase münden.

Übergreifende Phasen: Markenorientiertes Change Management, Feedback-Prozess und Feinjustierung

In den übergreifenden Prozessphasen geht es darum, Führungskräfte und Mitarbeiter in den Prozess der Markenführung zu integrieren, ihre Bereitschaft zu Veränderungen zu erhöhen sowie eventuelle Widerstände zu überwinden. Denn in der Regel werden Markenführungsprojekte eine Reihe an Veränderungen mit sich bringen, die neue Arbeitsweisen in der Organisation erforderlich machen. Gleichzeitig ist es aber schon während der einzelnen Projektphasen eines markenorientierten Veränderungsprozesses (und nicht erst im Rahmen der Erfolgsmessung) anzuraten, Feeback von den Beteiligten und eventuell auch von Außenstehenden einzuholen und dieses

Feedback im Rahmen einer permanenten Feinjustierung in den Markenent-wicklungs- und Internal-Branding-Prozess einfließen zu lassen. Der schöne Nebeneffekt dieser Kontrollschleifen ist, dass die Betroffenen einer marken-orientierten Veränderung nicht erst in der Umsetzung, sondern bereits viel früher zu Beteiligten werden und sich somit die Identifikation mit den Pro-jektergebnissen steigern lässt. Möglich ist dies unter anderem durch die Bil-dung von hierarchie- und fachbereichsübergreifend besetzten Kontrollgrup-pen aus der breiten Mitarbeiterschicht, die das Projekt aufmerksam, aber kritisch begleiten und in enger Verzahnung mit der Projektleitung agieren.

Die Phasen der werteorientierten Markenführung werden im Folgenden unter dem Blickwinkel des Internal Branding eingehend erläutert. Wie schon zuvor erwähnt, sind sie jedoch grundsätzlich sowohl für die innen-gerichtete als auch für die außengerichtete Markenführung weitgehend deckungsgleich – lediglich die eingesetzten Instrumente unterschieden sich (zum Beispiel interne versus externe Befragung, interne versus externe Kommunikation etc.).

3.2 Analyse der internen Markenwahrnehmung

Für die spätere Definition der Markenidentität ist es von zentraler Bedeu-tung, den aktuellen Status der Marke kennenzulernen. Dies hat insbeson-dere folgende Gründe: Ohne entsprechende Kenntnis der tatsächlichen Markenwahrnehmung würde eine Formulierung der Markenidentität „ins Blaue hinein" erfolgen. Diese würde sich dann eher an Wunschbildern als an tatsächlich erreichbaren Zielvorstellungen orientieren. Die Marke wür-de gegebenenfalls an Authentizität verlieren, also an Glaubwürdigkeit, oder könnte diese gar nicht erst aufbauen.

Um sich ein umfassendes Bild von der internen Markenwahrnehmung zu machen, hilft es, sich bei den entsprechenden Fragestellungen an den vier verschiedenen Perspektiven der Markenwahrnehmung zu orientieren, die auf den amerikanischen Markenforscher *Aaker* zurückgehen. Dieser argu-mentiert, dass eine Marke aus der Produktperspektive, der Unternehmens-perspektive, der Personenperspektive sowie der Symbolperspektive be-schrieben werden kann. Normalerweise vereinen Marken mehrere dieser Perspektiven gleichzeitig. Ihre Identität kann sich jedoch auch schwer-punktmäßig aus einer der Perspektiven ableiten. Assoziationen zu Marken, die zum Beispiel eine dominante Stellung innerhalb der Produktperspektive einnehmen, beziehen sich vor allem auf die hinter den Marken stehenden

Produkte. Deshalb ist auch das Erweiterungspotenzial solcher Marken in andere Produktkategorien begrenzt. *Mars* wäre hierfür ein typisches Beispiel, denn bei dem Riegel denkt man vor allem an Schokolade, an Karamell und an die typische Barrenform. Marken, die als Person interpretiert werden können, werden hingegen mit Eigenschaften in Verbindung gebracht, die auch menschliche Charakterzüge sein könnten. Als Beispiele für Marken, die eine einer dieser Perspektiven einnehmen, können die folgenden genannt werden, auch wenn die Zuordnung mitunter schwerfallen mag:

- Die Marke als Produkt: *Mars, Erdal, Bang & Olufsen, Miele, BMW, Veuve Cliquot, IBM, Nokia, Tempo, BIC*
- Die Marke als Unternehmen: *McKinsey, McDonalds, Deutsche Bank, Telekom, Deutsche Bahn, Tchibo*
- Die Marke als Person: *Opel, Rolex, Lufthansa, Coca-Cola, VW Golf, Swatch, Adidas, Nike, Nespresso, Virgin*
- Die Marke als Symbol: *Jägermeister, Meister Proper, Red Bull, Puma, Kellog's, Disney, Milka, Weihenstephan*

Unter Berücksichtigung der benannten Perspektiven sind im Rahmen der internen Markenanalyse Fragen wie die nachfolgend genannten zu beantworten:

Die Marke als Produkt

- Wo liegen die Kernkompetenzen der Marke? Was kann die Marke/was kann die Marke nicht? Welche Leistungen werden der Marke zugetraut? Wie stark ist das Vertrauen in die Leistungsfähigkeit der Marke?
- Welche Attribute werden mit dem Produktangebot der Marke verbunden? Welche Assoziationen werden zum Angebot der Marke geweckt?
- Welcher Wert wird der Marke und ihrem Angebot beigemessen? Wie ausgeprägt ist die Qualitätswahrnehmung?
- In welchen typischen Situationen wird das Leistungsangebot der Marke in Anspruch genommen? Welche Probleme lösen die Produkte der Marke?
- Wie sieht der typische Kunde der Marke aus?

Die Marke als Unternehmen

▪ Welche Attribute und Assoziationen werden mit dem Unternehmen hinter der Marke verbunden?

▪ Welcher Zusammenhang besteht zwischen der Wahrnehmung der Marke, des Unternehmens (falls dieses nicht mit der Marke identisch ist), der Branche sowie den eventuell weiteren Marken des Unternehmens unter Berücksichtigung der für den Kunden der Marke relevanten Faktoren?

▪ Wird die Marke als global, international oder national wahrgenommen? Welche Rolle spielt diese Wahrnehmung (zum Beispiel Globalität versus Nationalität) bei der Beurteilung der Marke? Gibt es länderspezifische Images, die mit der Marke verbunden werden?

▪ Wie ist das Thema Markenführung aktuell im Unternehmen belegt? Was sind die Meinungen und Einstellungen der Führungsmannschaft zur aktuellen und zukünftigen Markenorganisation?

Die Marke als Person

▪ Wie sieht die Persönlichkeit der Marke aus (zum Beispiel jung, männlich, wohlhabend, konservativ, spontan, flexibel, gebildet, sportlich etc.)?

▪ Wie ist das Verhältnis von Mitarbeitern und Kunden zur Marke (zum Beispiel die Marke als Freund, Problemlöser, Experte, Bürokrat, Helfer etc.)?

Die Marke als Symbol

▪ Welche visuellen Elemente werden der Marke zugeordnet?

▪ Welche Geschichten und Metaphern erzählt man sich zur Marke?

▪ Welche Überlieferungen aus der Vergangenheit existieren zur Marke? Welche Bedeutung spielen diese historischen Elemente bei der aktuellen Markenwahrnehmung?

Natürlich sind im Rahmen der Markenanalyse – wie bereits zuvor argumentiert – nicht nur interne, sondern auch externe Informationen zu erheben. Hierzu gehören Erkenntnisse über die Wahrnehmung der Marke bei den externen Anspruchsgruppen (Kunden, Nicht-Kunden, Lieferanten, Gesellschaft) ebenso wie Informationen über zukünftige Marktentwicklungen, relevante Trends und nicht zuletzt die Positionierung des Wettbewerbs. Einige der Fragen, die es hierbei zu beantworten gilt, dürften denen der internen Analyse sehr ähnlich sein.

Doch mit welchen Methoden sind Antworten auf die genannten Fragen zu suchen? Und welche dieser Methoden sind die richtigen für welches Unternehmen? Nun, das Methodenspektrum ergibt sich aus den Instrumentarien der Marktforschung. Denkbar sind telefonische oder schriftliche Befragungen der Mitarbeiter und Führungskräfte, Online- bzw. E-Mail-Erhebungen, Workshops bzw. Gruppendiskussionen sowie natürlich persönliche Interviews. In der Praxis hat sich dabei folgender Prozess bewährt:

Mit ausgewählten Vertretern aus allen Funktions- und Hierarchieebenen werden persönliche Interviews geführt, die auf einem qualitativen Untersuchungsansatz beruhen. Der hierfür zu entwickelnde Fragebogen kann sich auf die dargestellten Fragestellungen stützen, sollte aber eher als Gesprächsleitfaden dienen, der eine offene Diskussion der Themenstellungen zwischen Interviewer und Befragtem ermöglicht. Zusätzlich zu diesen intensiven Vier-Augen-Diskussionen können über telefonische Kurzinterviews viele weitere Mitarbeiter in den Prozess der Markenanalyse eingebunden werden. Diese Befragungen werden eine Mischung aus quantitativen und qualitativen Fragestellungen enthalten und runden das in den persönlichen Interviews gewonnene Bild der Marke ab. Außerdem dient eine breite Einbeziehung der Mitarbeiter dazu, Verständnis und Akzeptanz für die Ergebnisse der Markenanalyse und für die darauf folgenden Schritte aufzubauen.

Als Ergebnis einer umfassenden Analyse der internen Markenwahrnehmung liegen zumeist eine Menge Daten vor, die es nun zu verdichten gilt. Was ist es, das die Marke – heute und unter der internen Brille – ausmacht? Generell sollte man die Befragungsergebnisse als Wirkungen interpretieren, die auf das Verhalten des Unternehmens zurückzuführen sind. Viel interessanter noch als diese Wirkungen sind die Ursachen, die durch die Frage erforscht werden können, warum die Marke so wahrgenommen wird, wie es die Daten zeigen. In der Regel wird man dabei auf Verhaltensweisen stoßen, die für das Unternehmen von zentraler Bedeutung sind und sich in Werten konkretisiert haben, nach denen im Unternehmen gelebt wird. In diesem Sinne sind Werte für uns grundlegende und von der Mehrheit geteilte Vorstellungen darüber, wie die Dinge zu sein haben. Eine Unterscheidung zwischen Unternehmenswerten und Markenwerten macht an dieser Stelle keinen Sinn mehr.

Bei der Aufarbeitung der Ist-Ergebnisse sowie bei der Formulierung möglicher Ansätze zur Veränderung wird eine „rückwärts gerichtete" Sichtweise angewendet. Die zentrale Frage lautet:

- Worauf sind bestimmte Wahrnehmungsmuster zurückzuführen?

Ursache-Wirkungs-Analyse

- Will man Wirkungen (= Wahrnehmung) verändern, muss man die Ursachen (= Markenwerte) verändern.

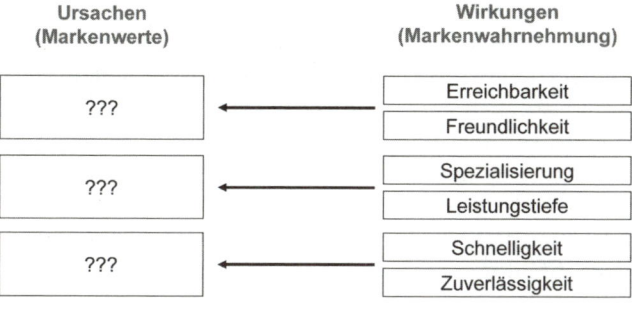

Abbildung 8: Markenwerte sind Ursachen

Der Rückschluss von den Befragungsergebnissen auf die Ist-Werte der Marke ist nicht empirisch zu ermitteln. Er erfolgt durch das Top-Management und das Projektteam unter Berücksichtigung aller Untersuchungsergebnisse und ist subjektiv. In der Praxis zeigt sich jedoch, dass die große Mehrheit der Mitarbeiter eines Unternehmens ihre Marke deutlich erkennt, wenn sie die Markenwerte zurückgespiegelt bekommen. „Genau das sind wir" oder „nach diesen Werten wird bei uns tatsächlich gelebt", sind zwei Kommentare, die nach einer Präsentation der Ist-Werte immer wieder zu hören sind.

Zum besseren Verständnis sollen folgende Fälle illustriert werden: Eine Marke wurde von ihren Mitarbeitern als profillos, schweigsam, unverbindlich und führungsschwach bezeichnet. Als dahinter liegender Wert wurde „Distanz" identifiziert. Wenn es im Unternehmen nicht seit Jahren Gepflogenheit wäre, auf Distanz zueinander (und zum Kunden) zu gehen, hätte die geschilderte Wahrnehmung wohl kaum entstehen können. Eine andere Corporate Brand wurde von ihren internen Zielgruppen als ehrlich, fair, freundlich, verantwortlich handelnd und sympathisch geschildert. Als hierfür verantwortlicher Markenwert wurde der Begriff „Menschlichkeit" gewählt. Und wieder ein anderes Unternehmen galt als sehr international, hoch kompetent, immer erreichbar, zuverlässig, pünktlich sowie erfahren. „Professionell" zu sein, war in diesem Unternehmen schon immer von zentraler Bedeutung und wurde somit zu einem zentralen Wert der Marke.

3.3 Definition der Markenidentität

Nachdem die Marke mittels der Markenanalyse gescannt wurde und ihre Ist-Markenwerte bekannt sind, stellt sich nun in der Phase der Definition die Frage, ob diese Werte auch langfristig zum Erfolg des Unternehmens beitragen. Hierfür ist es notwendig, die in der Analysephase gewonnenen externen Daten bezüglich der zukünftigen Marktentwicklungen zu berücksichtigen und hierauf aufbauend zu prognostizieren, welchen Stellenwert die Ist-Markenwerte in der Zukunft noch haben werden. Aufbauend auf den Diskussionsergebnissen sind zentrale Thesen hinsichtlich der notwendigen Veränderung zu entwickeln. Zu berücksichtigen ist in diesem Prozess allerdings, dass die in den zentralen Thesen dargelegte Soll-Situation nicht zu weit von der Ist-Situation entfernt ist. Die zentralen Thesen sind deshalb in jedem Fall mit den Ist-Markenwerten abzugleichen, um den Verlust „der Bodenhaftung" zu verhindern oder ein Zukunftsszenario der Marke zu entwickeln, welches jeglicher Glaubwürdigkeit entbehrt.

Die Entwicklung der zentralen Thesen sollte auf der höchsten Führungsebene des Unternehmens stattfinden. Im Anschluss daran sind diese Thesen auf breiter Ebene zu diskutieren. Wer alles in diese Diskussion einzubeziehen ist, hängt von der Situation und Kultur des Unternehmens ab. Auf alle Fälle sollte aber zumindest die zweite Führungsebene beteiligt sein. Bewährt hat sich der Ansatz, diesen Gedankenaustausch auf einer Tagung des Top-Managements mit dem mittleren Management (Offsite, ein- bis eineinhalb Tage) zu führen. Natürlich werden dort auch die Ergebnisse der Ist-Analyse präsentiert. Der Fokus der Managementtagung liegt aber auf der ausgiebigen und offenen Diskussion der zentralen Thesen. Ansätze einer Soll-Positionierung sowie erste Maßnahmen vom Ist zum Soll werden gemeinsam erarbeitet.

Zusätzlich hat es sich in solchen Fällen bewährt, „Kontrollgruppen" zu bilden, um die Schlussfolgerungen des Top-Managements zu hinterfragen und auf ihre Praxistauglichkeit zu überprüfen. An solchen Kontrollgruppen können ausgewählte Mitarbeiter unterer Hierarchiestufen, Auszubildende oder externe Experten beteiligt sein.

Modell der Markenidentität

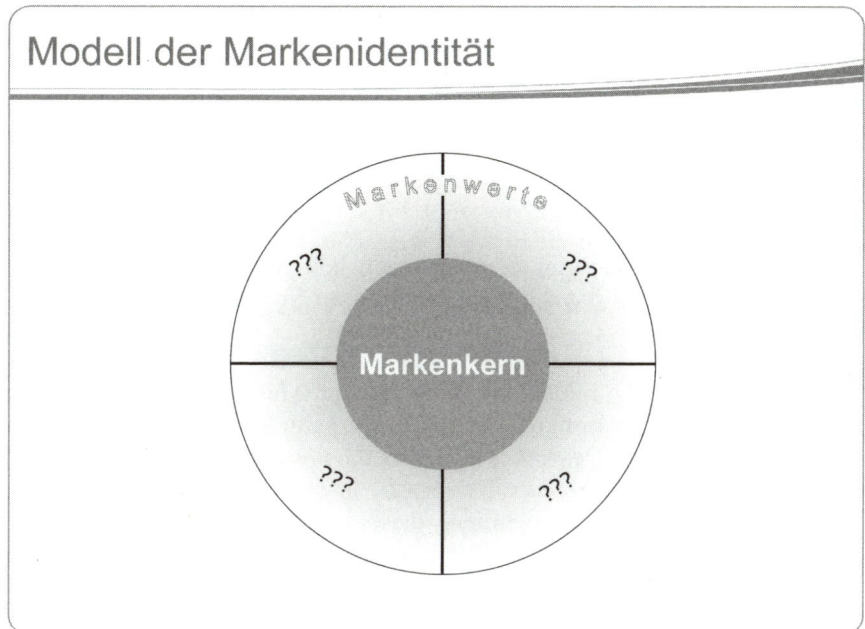

Abbildung 9: Die Identität einer Marke

Die Diskussionsergebnisse werden dem Top-Management präsentiert. Hierauf aufbauend geht es nun darum, die Soll-Markenidentität festzulegen. Dabei empfiehlt sich die Orientierung an folgendem Modell (vgl. Abbildung 9).

Markenkern

Den Kern einer Marke bildet der zentrale, psychologische Kundennutzen. Dieser ist keineswegs identisch mit den rationalen, in traditionellen Befragungen geäußerten Kaufgründen. Der zentrale Kundennutzen spiegelt den vom Kunden niemals geäußerten, normalerweise im Unterbewusstsein verborgenen und allenfalls diffus gefühlten Beweggrund wider, sich innerhalb einer Produkt- oder Servicekategorie ausgerechnet für eine spezifische Marke zu entscheiden. Denn es ist nicht die überlegene Sportlichkeit, die die Wahl eines *BMW* begründet – andere Fahrzeuge haben auch leistungsfähige Motoren und straffe Fahrwerke. Es ist nicht der besondere Geschmack von *San Pellegrino*, der das Mineralwasser so attraktiv macht – andere Mineralwasser schmecken ähnlich. Und es ist nicht das überlegene Finanz-Knowhow, das trotz negativer öffentlicher Schlagzeilen so viele Kunden zur

Deutschen Bank drängt – auch andere Banken haben gute Berater. Vielmehr sind die genannten Marken so attraktiv aufgrund tiefer liegender Überzeugungen, die auf eine Art Markenglauben zurückzuführen sind. *Gerd Gutjahr* vom Institut für Marktpsychologie in Mannheim ist der Überzeugung, dass dieser Markenglaube im Falle von *BMW* auf einer Art Motorenmythos beruht, denn das bayerische Unternehmen baute früher auch leistungsfähige Flugzeugmotoren. Im Falle von *San Pellegrino* könnte der Markenglaube durch die für viele Deutsche hohe Attraktivität der italienischen Lebensweise genährt werden. Bei der *Deutschen Bank* werden Empfindungen wie Macht und Sicherheit eine Rolle spielen.

Der Markenglauben ist der tief verwurzelte zentrale Kundennutzen, so wie wir ihn verstehen. Er bildet das Zentrum der Markenidentität und hat, auch wenn er die gewünschte Wahrnehmung beim Kunden beschreibt und somit ursprünglich ein externes Element darstellt, zentralen Einfluss auf den Fortgang des Internal Branding. Es ist von enormer Bedeutung, dass die Führungsspitze eines Unternehmens diesen zentralen Kundennutzen für sich definiert und hiermit den Aktivitäten der Markenführung eine starke Zielrichtung vorgibt.

Markenwerte

Die Definition des zentralen Kundennutzens ist von fundamentaler Bedeutung, um das Gesamtsystem Marke zielorientiert zu steuern. Die daraus festzuschreibenden Markenwerte jedoch geben den Rahmen vor, innerhalb dessen im Unternehmen zu arbeiten ist. Sie müssen dabei drei Bedingungen erfüllen:

- Sie müssen für das Unternehmen als Ganzes, für den einzelnen Mitarbeiter und letztlich auch für den Kunden relevant sein.

- Sie müssen dazu beitragen, die Marke von ihren Wettbewerbern zu differenzieren. Wenn die Werte tatsächlich gelebt werden, muss die Marke für Mitarbeiter und Außenstehende wirklich anders sein als andere.

- Sie müssen authentisch sein, also zur Marke passen. Sie dürfen nicht aufgesetzt wirken. Am besten erzeugt man diese Glaubwürdigkeit, indem man bei der Formulierung der Markenwerte bewusst auf die schon heute existenten Stärken der Marke setzt.

Lassen Sie mich die Ausführungen zum Markenkern und zu den Markenwerten an zwei Beispielen illustrieren: An der Kaffeehauskette *Starbucks* sowie an dem Automobilunternehmen *RollsRoyce*.

Starbucks

Markenkern:

Der Kern der Marke Starbucks lässt sich auf eine Aussage ihres Gründers zurückführen. „We want to be the third place", pflegte Howard Schultz seinen Mitarbeiter schon in der Anfangszeit zu sagen, als Starbucks von weltweiter Präsenz und dem aktuellen Erfolg noch weit entfernt war. Denn der psychologische Kundennutzen von Starbucks besteht nicht etwa darin, sehr guten Kaffee zu servieren. Das Unternehmen bietet vielmehr Raum zwischen Zuhause und Arbeit, der Platz lässt für Entspannung, zwischenmenschliche Beziehungen, Geselligkeit und gegenseitigen Austausch. Vor Starbucks gab es diesen „dritten Platz" im Leben eines Amerikaners nur selten. Der erste Platz war „Home", der zweite „Work". Dass es auch Bedarf für einen dritten Platz gab und dass dieser dritte Platz eine Art Lounge mit Kaffeehaus-Atmosphäre sein könnte, erkannte Howard Schultz als erster. „The third place" könnte man als Markenkern von Starbucks bezeichnen. Folgende Aussage eines Filialleiters von Starbucks macht deutlich, wie wichtig es für Mitarbeiter ist, den Markenkern zu kennen und zu verstehen: „I always thought that we are in the coffee business serving people. Today I know that we are in the people business serving coffee."

Markenwerte:

Für welche Werte könnte die Marke Starbucks stehen? Welche grundlegenden Überzeugungen prägen das Denken, Fühlen und Verhalten einer Mehrzahl der Mitarbeiter? Es ist davon auszugehen, dass eine hohe Serviceorientierung zu den zentralen Markenwerten von Starbucks zu zählen ist. Daneben verfolgt das Unternehmen einen kulturellen Anspruch, denn die Keffeehauskette hat das Leben vieler Amerikaner verändert. Weiterhin wird es Ziel der Mitarbeiter sein, Oasen der Ruhe im hektischen Alltag zu schaffen, an denen man entspannen und sich ausruhen kann. Mit anderen zu kommunizieren und sich gegenseitig auszutauschen, dürfte ein weiterer Wert sein, der die Marke prägt. Und trotz allen emotionalen Komponenten wird es auch der Anspruch der Marke Starbucks sein, den besten Kaffee zu servieren, den man sich vorstellen kann. Also dürfte auch eine hohe Qualitätsorientierung, sozusagen ein Premiumanspruch, zu den Markenwerten zählen, der sich auch in den Preisen niederschlägt.

RollsRoyce

Markenkern:

Warum kaufen Menschen einen RollsRoyce? Hierfür gibt es sicher zahlreiche Gründe. Eine der wichtigsten dürfte jedoch darin liegen, dass man mit keinem anderen Auto so präsent ist wie mit der Traditionsmarke aus Großbritannien. Sitzt man in einem RollsRoyce, so richten sich die Blicke der Passanten beinahe magisch auf einen selbst. Das Auto selbst steht nicht so sehr im Zentrum des Interesses. Aber wer da wohl drin sitzt? Das interessiert die Öffentlichkeit brennend ... RollsRoyce-Fahrer genießen es, durch ihr Fahrzeug präsent zu sein. Hierin dürfte der wahre psychologische Kundennutzen liegen.

Markenwerte:
Die Werte von RollsRoyce liegen auf der Hand: Prestige, Tradition, Handarbeit, überragende Qualität sowie zeitloser Geschmack dürften die Eigenschaften der Marke sein, an denen sich Führungskräfte und Mitarbeiter orientieren.

Die Markenidentität von RollsRoyce wurde im Jahre 2002 in einem Schaubild des Wirtschaftsmagazins Capital ähnlich illustriert wie in Abbildung 10.

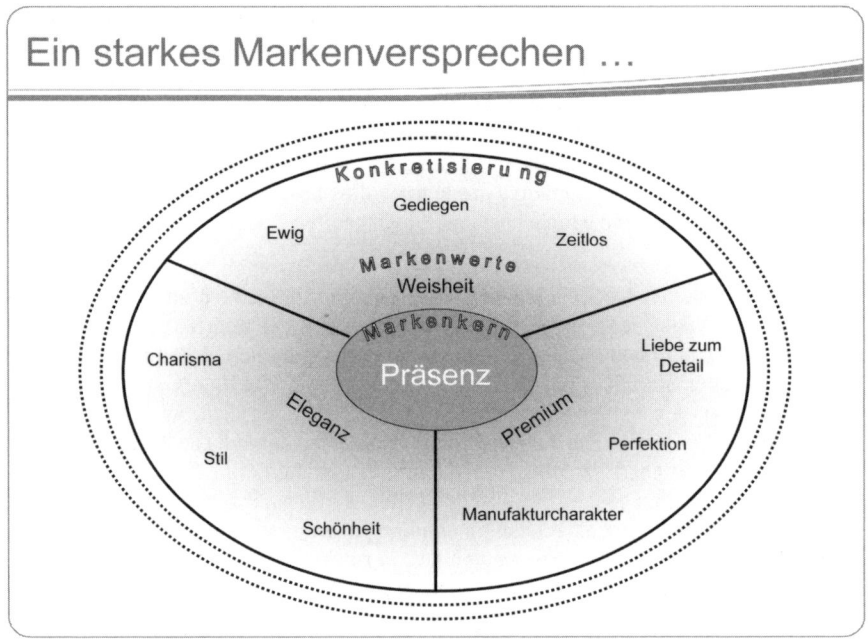

Abbildung 10: Die Markenidentität von RollsRoyce

Um ein umfassendes Verständnis der neuen Markenidentität zu entwickeln, reicht es nicht aus, Einigkeit über Markenkern und Markenwerte zu erzielen. Denn letztlich handelt es sich um Schlagworte, die für sich genommen wenig Aussagekraft beinhalten. Deshalb ist der Markenkern ausführlich zu beschreiben. Für die Markenwerte müssen Konkretisierungen erarbeitet werden. Was versteht das Unternehmen beispielsweise unter Begriffen wie „Innovation", „Dynamik", „Nähe", „Vertrauen", „Menschlichkeit", „Tradition", „Hochwertigkeit" oder „Sportlichkeit"? In Abbildung 10 wird beispielsweise aufgezeigt, wie RollsRoyce seine Markenwerte konkretisiert. Jede Konkretisierung könnte aber durchaus noch weiter beschrieben werden, sodass das endgültige Modell der Markenidentität schließlich aus sehr vielen Ringen bestünde, die von innen nach außen an Detaillierungsgrad gewännen. Denkbar ist dabei, diese Konkretisierungen fachbereichsspezifisch vorzunehmen und bis auf jeden Arbeitsplatz herunterzubrechen. Bei dieser idealen Vorgehensweise würde detailliert beantwortet, welche Bedeutung ein Markenwert wie beispielsweise „Dynamik" für einen Mitarbeiter in der Buchhaltung, „Innovation" für einen Vertriebsmitarbeiter oder „Qualität" für den Produktionsleiter besitzt. Die Marke würde hierdurch an Beliebigkeit verlieren und als Steuerungsinstrument für das Tagesgeschäft an Bedeutung gewinnen. *Klaus Brandmeyer*, renommierter Markenberater und Vordenker seiner Branche, spricht in diesem Zusammenhang auch vom genetischen Code einer Marke, den es zu erarbeiten gilt.

Die Auslegung der Markenidentität darf nicht dem Einzelnen überlassen werden, sondern ist schriftlich zu fixieren. Dies erfolgt zum Beispiel in einem Markenhandbuch, in dem alle Elemente der Markenidentität inklusive der Konkretisierungen detailliert aufgelistet sind. Dieses Markenhandbuch wird vom Projektteam unter Einbeziehung oberer Führungsebenen, bei Bedarf mit externer Unterstützung, erarbeitet und vom Top-Management verabschiedet. Ist das Gesamtprojekt zu diesem Zeitpunkt schon weit fortgeschritten, können im Markenhandbuch auch erste Maßnahmen aufgezeigt werden. Zu beachten ist, dass die Markenwerte möglichst eindeutig beschrieben und, wo immer möglich, mit konkreten Beispielen aus dem Tagesgeschäft hinterlegt werden.

> Im Markenhandbuch von **TNT Express** ist beispielsweise zum Markenwert „Präsenz" sinngemäß Folgendes nachzulesen: Die Marke TNT steht für Präsenz. Um dies für unsere Kunden erlebbar zu machen, verzichten wir in unseren Kunden-Servicecentern auf sprachgesteuerte Systeme. Für unsere Marke ist es wichtig, dass eine natürliche Person die an uns gerichteten Anrufe entgegennimmt.

Ist das Markenhandbuch verabschiedet, ist es anzuraten, es den Führungskräften der einzelnen Divisionen, Funktionen und Bereiche vorzustellen. Da diese an der Entwicklung beteiligt waren, sollte sie die finale Version nicht mehr überraschen. Als Aufgabe ist ihnen mitzugeben, innerhalb ihrer Zuständigkeitsbereiche Workshops mit ihren Mitarbeitern durchzuführen, in denen sie das Markenhandbuch vorstellen und gemeinsam konkrete Maßnahmen erarbeiten. Diese Veranstaltungen, die kaskadenförmig aufzubauen sind und für eine breite Diffusion der Inhalte des Markenhandbuchs in der Organisation sorgen, können mit den im folgenden Kapitel dargestellten Markenwerte-Workshops kombiniert werden. Zu einem späteren Zeitpunkt – wenn bereits erste Erfolge des Markenprojekts sichtbar werden – ist dann darüber nachzudenken, das Markenhandbuch zielgruppen-spezifisch auszugestalten und in der Organisation breit zu streuen.

3.4 Implementierung der Markenwerte

Aufbauend auf den Ergebnissen der Phase „Definition der Markenidenti-tät" geht es in der Projektphase der Implementierung der Markenwerte darum, die Markenidentität durch einen geeigneten Transferprozess mit konkreten, zur Marke passenden Maßnahmen „zum Leben zu erwecken" bzw. bestehende Maßnahmen auf ihre Stimmigkeit hinsichtlich des Mar-kenkerns und der Markenwerte zu überprüfen. Man spricht hierbei auch von Maßnahmen, die auf die Marke einzahlen. Konkret geht es nun also nicht mehr um die Fragen, worauf bestimmte Wahrnehmungsmuster zu-rückzuführen sind oder welche Wahrnehmungen zukünftig angestrebt wer-den. Vielmehr möchte man Antworten darauf finden, wie sich angestrebte Soll-Zustände durch greifbare Veränderungen untermauern lassen. Im Idealfall sollten *alle* Unternehmensaktivitäten Kunden, Öffentlichkeit und Mitarbeitern ein Gefühl für die Marke im Sinne der angestrebten Identität vermitteln und so mittel- bis langfristig zur Differenzierung der Marke und der Etablierung einer für das Unternehmen positiven Wahrnehmung beitra-gen. Mit anderen Worten: Die Markenidentität bildet einen verpflichtenden Rahmen, innerhalb dessen sich alle Aktivitäten des Unternehmens zu bewe-gen haben. Diese Aktivitäten sind nun zu überprüfen bzw. zu definieren.

Nun ist der hier dargestellte markenorientierte Veränderungsprozess nur idealtypisch in getrennte und zeitlich klar aufeinander abfolgende Phasen zu teilen. Sicherlich wurden bereits in der Phase der Identitätsfindung im Sinne einer Gap-Analyse Lücken zwischen der Ist- Situation und dem Soll-bild der Markenidentität aufgezeigt und erste Maßnahmen erarbeitet. In der Implementierungsphase steht aber die Umsetzung konkreter Maß-nahmen im Fokus, die die Marke in Richtung der verabschiedeten Soll-Identität bewegen sollen und somit sozusagen die Marke erlebbar machen. Konkrete Beispiele der Umsetzung werden wir in Kapitel 4 und in den Fall-studien (Teil B) näher betrachten. An dieser Stelle möchte ich deshalb einen bewährten Prozess vorstellen, der dabei unterstützt, die richtigen Umsetzungs-projekte zu identifizieren und gleichzeitig die Mitarbeiter des Unternehmens auf die Soll-Identität der Marke zu fokussieren. Für das Internal Branding besonders relevant sind dabei die Markenwerte, da diese das Denken, Füh-len und Verhalten der Führungskräfte und Mitarbeiter zukünftig prägen sollen.

Dabei ist zu berücksichtigen dass die Sichtweise des Top-Managements eher strategischer Natur ist und somit alleine nicht ausreicht, um die richtigen, das heißt wirksamen Maßnahmen vom Ist zum Soll zu identifizieren. Will ein Unternehmen seine Markenidentität im Sinne der Soll-Konzeption für Kunden und Mitarbeiter konsequent erlebbar machen, ist es unbedingt erforderlich, auch die „operative Brille" aufzusetzen und alle unternehmensinternen Vorgänge (zum Beispiel Arbeitsgewohnheiten im Sinne „gängiger Praktiken", Strukturen, Prozesse, Verhaltensweisen, Marketinginstrumente etc.) genau zu untersuchen. Die Untersuchungsobjekte sind dabei gemäß folgender Fragestellungen zu bewerten:

- Tragen sie dazu bei, die Marke im Sinne der definierten Soll-Werte nachhaltig zu stärken?
- Wenn nein, welche Alternativen stehen zur Verfügung?

Um eine solche Analyse für das gesamte Unternehmen leisten zu können, ist es unbedingt erforderlich, das Wissen der Mitarbeiter zu nutzen. Konkret kann dies mit Hilfe so genannter Markenwertekonferenzen geschehen, in denen die Markenwerte diskutiert werden. Dabei handelt es sich um Workshops, in denen sehr viele Mitarbeitergruppen des Unternehmens eingebunden werden können. In fachbezogenen Kleingruppen wird Mitarbeitern gleicher oder ähnlicher Hierarchieebenen der bisherige Projektablauf sowie die erarbeitete Markenidentität vorgestellt. Im Anschluss an diese Informationsrunde werden den Mitarbeiter zwei Fragen zur Diskussion gestellt:

- Was kann und muss das Unternehmen an Ihren Arbeitsplätzen tun, damit die definierten Markenwerte gelebt werden können?
- Welche Verhaltensweisen und Arbeitsprozesse müssen Sie in Zukunft verändern, um den Markenwerten gerecht zu werden?

Das „Suchfeld" für relevante Maßnahmen bilden dabei alle Bereiche des Unternehmens. Dabei sind die Aktivitäten derjenigen Funktionsbereiche besonders zu hinterfragen, in denen ein direkter Kontakt des Kunden oder der Öffentlichkeit zum Unternehmen gegeben ist. Aus den Markenwertekonferenzen ergibt sich in der Regel eine Menge an brauchbaren Vorschlägen, wie die Markenidentität umgesetzt werden kann. Diese Vorschläge sind in einer Projektliste – gegebenenfalls unter Zusammenfassung einzelner Positionen – zu dokumentieren. Später sichtet die Top-Führungsebene diese Liste und bestimmt hieraus Sofortprojekte und langfristige Projekte, so genannte Markenwerteprojekte. Die Sofortprojekte werden umgehend in der Organisation umgesetzt. Die einzelnen Markenwerteprojekte werden an Projektleiter delegiert, die diese in einem festgelegten Zeitrahmen abzuarbeiten haben. Dabei werden sämtliche Markenwerteprojekte durch eine zentrale Stelle im Sinne eines so genannten „Program Management" gesteuert und koordiniert.

Die Umsetzung der Markenwerteprojekte wird in der Regel mehrere Monate bis zwei Jahre dauern. Einzelne Markenwerteprojekte werden trotz klar umrissener Projektziele und einem definierten Projektende möglicherweise niemals richtig beendet, da sie als kontinuierlicher Prozess in der Organisation fest etabliert werden. Nachfolgend sind einige beispielhafte Projekte aus den in Teil B dieses Buches dargestellten Fallstudien kurz beschrieben, die mit dem Ziel aufgesetzt wurden, die Identität der jeweiligen Marke nachhaltig zu stärken und somit als Markenwerteprojekte interpretiert werden können.

TNT Express, einer der führenden Transportdienstleister für zeitkritische Sendungen, überprüfte im Rahmen seines markenorientierten Veränderungsprozesses sämtliche Kommunikationsinstrumente auf ihre Stimmigkeit hinsichtlich der neu definierten Markenwerte. Dabei stand nicht nur die stärkere Präsenz der Firmenfarbe Orange im Fokus des Projekts: Alle Werte der Marke TNT, wie beispielsweise Dynamik oder Business Excellence, sollten sich zukünftig im visuellen und sprachlichen Auftritt der Marke nach innen wie nach außen wiederfinden. So bekam zum Beispiel auch die Mitarbeiterzeitung ein neues redaktionelles Konzept sowie ein angepasstes Layout.

TNT Innight, eine Tochter der TNT Express, bat das mittlere Management zu Workshops, in denen die Frage beantwortet werden sollte, wie die Mitarbeiterführung im Unternehmen vor dem Hintergrund der Markenwerte konkret auszugestalten sei. Kurz: Wie müssen Vorgesetzte des Unternehmens ihre „Direct Reports" führen, um den Markenwerten gerecht zu werden? Aufbauend auf den Diskussionsergebnissen entstand ein markenorientierter „Code of Conduct". Außerdem wurden individuelle Führungstrainings vereinbart und umgesetzt.

Die österreichische Kreditversicherung **Prisma** überarbeitete im Hinblick auf die neu definierten Markenwerte sämtliche Vorlagen, die in der schriftlichen Kommunikation mit dem Kunden eingesetzt wurden. Es entstand eine Bibliothek mit Textbausteinen, die zukünftig in der Kundenkommunikation verwendet werden sollten. So wurde beispielsweise aus dem Text „Wir danken für die Übermittlung Ihrer Verkaufs- und Lieferbedingungen" die Formulierung „Vielen Dank, dass Sie uns so rasch Ihre Verkaufs- und Lieferbedingungen geschickt haben". Die Besonderheit bestand darin, dass die Mitarbeiter auf breiter Basis in die Erarbeitung der neuen Textbausteine einbezogen wurden und sich somit zwangläufig intensiv mit den Markenwerten auseinandersetzen mussten.

Die **Kaufmännische Krankenkasse** (KKH) verabschiedete Verhaltensregeln, deren Einhaltung die Markenwerte gegenüber den externen Zielgruppen erlebbar machen sollten. Diese Verhaltensregeln wurden in mehreren Workshops in verschiedenen

Abteilungen über jeweils ein Jahr hinweg diskutiert und abteilungsspezifisch inter-pretiert. So stellten sich zum Beispiel Mitarbeiter aus den Servicecentern ebenso wie aus dem Vertrieb oder auch aus den Zentralabteilungen die Frage, wie sich in ihrem Einflussbereich kundenorientiertes Verhalten konkretisieren ließe. Dabei war es durchaus möglich, zu unterschiedlichen Ergebnissen zu kommen, die direkt Bezug auf die jeweiligen Arbeitsanforderungen nahmen.

Das **Hotel Atlantic Kempinski** überarbeitete seine Vorgehensweise bei der Personalre-krutierung. Aufgrund der Projektergebnisse wird heute bereits im Einstellungsge-spräch die Passgenauigkeit des Bewerbers mit den Unternehmens- und Marken-werten durch klar definierte Fragen überprüft. Damit wird im Vorfeld sichergestellt, dass Bewerber mit einem hohen Fit zur Marke Hotel Atlantic rekrutiert und selektiert werden.

3.5 Erfolgsmessung, Feedback-Prozess und Feinjustierung

„Nur was messbar ist, ist auch zu managen", so liest man immer wieder in Management-Ratgebern. Erstaunlicherweise scheint dies für die Marken-führung nicht zu gelten. Denn selbst wenn die vorangegangenen Phasen eines markenorientierten Veränderungsprozesses – oftmals intuitiv und vielleicht nicht unter Verwendung der in diesem Buch gebrauchten Begriff-lichkeiten – professionell durchlaufen wurden, so wird die Erfolgsmessung vielfach ignoriert. „Man wird das schon spüren, ob die Marke attraktiver geworden ist", so lautet häufig der Tenor. Darauf, dass diese Grundeinstel-lung nicht allzu selten anzutreffen ist, lassen auch die Ergebnisse der bereits zitierten Studie der *Berufsakademie Mannheim* schließen, die aufzeigen konnte, dass viele der führenden deutschen Dienstleistungsunternehmen den Erfolg ihrer Marke nicht oder nur selten quantifizieren.

Diese Einstellung ist jedoch nicht im Sinne einer markenorientierten Verän-derung, da Chancen vergeben werden, Feinjustierungen am Markensystem vorzunehmen und eventuell korrigierende Maßnahmen zu ergreifen. Um zu erkennen, was sich zum Positiven verändert hat, wo vielleicht aber auch noch Nachholbedarf besteht, sollte man die in der zu Beginn des Marken-projekts (Analysephase) eingesetzten Instrumentarien circa zwei Jahre nach offiziellem Projekt-Kick-off erneut anwenden und die Ergebnisse im Sinne eines „Tracking" miteinander vergleichen.

■ Konnte man sich in Richtung der definierten Markenidentität verän-dern?

- Hat man die Marke in der Wahrnehmung der Mitarbeiter (und natürlich auch der Kunden) attraktiver gemacht?
- Wo liegen noch große „Gaps" zwischen ermittelter und in der Markenidentität beschriebener Wahrnehmung?
- Dies sind nur einige der Fragen, die im Sinne des Projekterfolgs beantwortet werden sollten. Und natürlich gilt es auch in dieser Phase, die Mitarbeiter durch Befragungen und in Diskussionsrunden einzubeziehen.

Abbildung 11 zeigt am Beispiel des MAC/Brand-Ansatzes, einem Instrumentarium zur Messung des holistischen Markenerfolgs, wie sich eine beispielhafte Marke im Verlauf von zwei Jahren in Bezug auf ihre Markenstärke verändert hat. MAC/Brand wurde von den *Mannheimer Marktforschern Dr. Eisele Dr. Noll Management Consultants* entwickelt. Der Brand Performance Level (BPL) misst dabei die Stärke der Marke. Eine Veränderung auf der von 0 (= überhaupt keine Markenstärke) bis 100 (= am stärksten vorstellbare Marke) reichenden Markenstärkeskala macht deutlich, ob die

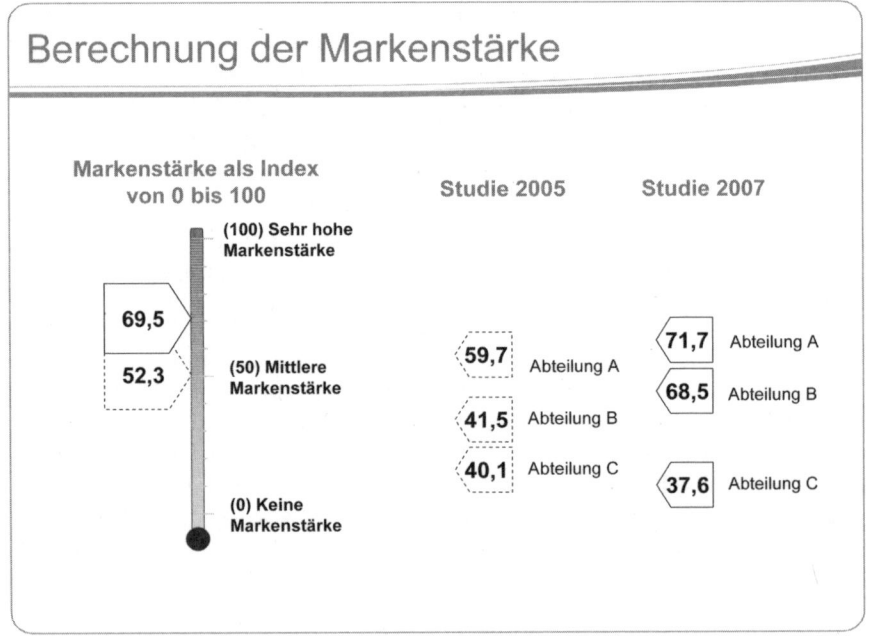

Abbildung 11: Messung des Markenerfolgs nach MAC/Brand

Marke an Stärke gewonnen oder verloren hat. Doch die Analyse sollte nicht auf einem zu sehr aggregierten Level erfolgen: Um genaue Informationen zu erhalten, auf welche Wahrnehmungen die Veränderungen im BPL zurückzuführen sind, sind spezifische Detailauswertungen möglich. In dem dargestellten Beispiel hat die Marke X zwar insgesamt an Markenstärke zugelegt, jedoch bei der Mitarbeitergruppe C an Markenstärke verloren. Die Befragungsergebnisse der Mitarbeitergruppe C wären nun detaillierter zu sichten. Zu erarbeiten, wie so eine Entwicklung zu interpretieren ist, ist Aufgabe des Projektteams.

Die regelmäßigen Messungen des Markenerfolgs mit gleich bleibenden Instrumentarien sind wichtige Schritte in einem langfristig ausgerichteten Markenprojekt. Doch der Erfolg eines solchen Projekts ist nicht erst nach dessen eigentlichem Abschluss zu messen. In regelmäßigen Abständen sind bereits während der einzelnen Projektschritte Evaluierungen durchzuführen, um zu überprüfen, wie sich die Markenwahrnehmung entwickelt. Sind Bewegungen in Richtung der definierten Markenidentität zu erkennen? Von welchen Zielen ist man noch weit entfernt, welchen hat man sich angenähert? Wo wurde von der Projektleitung richtig kommuniziert, wo vielleicht nicht?

Um bereits während eines laufenden Markenprojektes Feinjustierungen am Projekt-Setup und an den Teilergebnissen durchführen zu können, hat es sich bewährt, eine Feedback-Gruppe aufzubauen, die das Projekt kritisch begleitet und der Projektleitung kontinuierlich Rückmeldung gibt. Diese Rückmeldung sollte aus Sicht der am Tagesgeschäft beteiligten Mitarbeiter erfolgen. Zur Feedback-Gruppe können also Mitarbeiter aller Fachbereiche und unterschiedlicher Hierarchieebenen gehören. Aber auch eine aufmerksame Projektleitung, die den permanenten Austausch mit den Mitarbeitern sucht, wird bereits während des laufenden Projektes Optimierungspotenziale aufdecken können.

3.6 Interne Markenführung als Veränderungsmanagement

Internal Branding ist als markenorientierter Veränderungsprozess zu verstehen und hat viel mit Change Management zu tun. In diesem Sinne sind die Erkenntnisse, die aus erfolgreichen und auch aus gescheiterten Change-Management-Projekten in der Praxis gewonnen wurden und die in zahlreichen Wirtschaftspublikationen nachgelesen werden können, auch für das Internal Branding sehr hilfreich. Eine der wertvollsten Quellen, denen sich auch die Markenverantwortlichen widmen sollten, ist das Buch „Das Pinguin-Prinzip: Wie Veränderung zum Erfolg führt" der Autoren *John Kotter* und *Holger Rathgeber.* Hierin werden acht Schritte für erfolgreiche Change-Prozesse größeren Umfangs beschrieben, die sich mit wenigen Worten umschreiben lassen. Die dort genannten Schritte möchte ich im Folgenden auf markenorientierte Veränderungsprojekte anwenden:

1. Steigere die Dringlichkeit: Zunächst geht es darum, das Thema Marke im Bewusstsein der oberen Führungsebenen zu platzieren. Dies gelingt häufig dadurch, dass die Marke zunächst vor allem als finanzieller Wert interpretiert wird, den es gekonnt zu managen gilt. Im gleichen Atemzug ist jedoch zu erklären, dass – will man den „Schatz Marke" tatsächlich heben – es nicht ausreichen wird, Markenführung allein aus einer marketinggetriebenen Brille heraus zu betrachten. Häufig ist es zu diesem Zweck in dieser ersten Phase des Change-Prozesses angebracht, interessante Case Studies zu diskutieren, die aufzeigen, wie andere erfolgreiche Unternehmen das Thema Marke für sich nutzen konnten.

2. Schaffe ein Führungsteam: Ein markenorientierter Veränderungsprozess benötigt ein Steuerungsteam, das von den Projektzielen überzeugt ist. Etablieren Sie ein solches Team, indem Sie erfahrene Manager mit Entscheidungskompetenzen zusammenbringen, die die einzelnen Projektschritte koordinieren und deren Ergebnisse reviewen. Bedenken Sie dabei, dass die Teammitglieder aus unterschiedlichen Bereichen kommen und neben Marketing, Unternehmenskommunikation und Vertrieb auch der Personalbereich und andere „marktferne" Einheiten vertreten sind.

3. Setze die richtige Vision: In markenorientierten Veränderungsprozessen ist die Soll-Identität der Marke die Vision. Besprechen Sie mit den Mitarbeitern, wie die Welt aussieht, wenn wirklich alle im Unternehmen die definierten Markenwerte leben. Aber kreieren Sie keine unrealistischen Traumwelten, sondern setzen Sie realistische Ziele.

4. Kommuniziere zwecks "buy-in": Informieren Sie Ihre Mitarbeiter in regelmäßigen Abständen ausführlich über Mitarbeiterzeitschrift, E-Mails oder sonstige Medien, aber bombadieren Sie sie nicht mit Projektinformationen. Beschreiben Sie dabei nicht nur die Resultate, sondern auch die Hintergründe des Projekts und wie es zu bestimmten Entscheidungen kam. Schaffen Sie Transparenz.

5. Ermächtige zur Handlung: Befähigen Sie die Mitarbeiter, sich am Projekt zu beteiligen. Binden Sie die Menschen mit ein, zum Beispiel auf Veranstaltungen, in Workshops, durch dialogorientierte Kommunikation oder durch andere Maßnahmen. Geben Sie Ihnen die Möglichkeit, durch aktive Handlungen die Werte der Marke kennenzulernen – auch, wenn dies zwangsläufig die Gefahr mit sich bringt, dass einige die Marke anders interpretieren als andere.

6. Schaffe kurzfristige Erfolge: Machen Sie deutlich, wie sich die Dinge bereits nach kurzer Zeit verändert haben. Auch wenn Sie hierbei ein wenig übertreiben: Zeigen Sie, wie ernst es Ihnen damit ist, das Unternehmen markenorientiert zu führen.

7. Execution, execution, execution…: Setze um! Schaffen Sie Projektgruppen zu unterschiedlichen markenrelevanten Aufgabenstellungen und lassen Sie diese regelmäßig ihre Fortschritte präsentieren. Seien Sie hartnäckig, und führen Sie diese Projektgruppen auch weiter, wenn die „heiße Projektphase" bereits hinter Ihnen liegt. Machen Sie sich bewusst, dass man nicht in sechs Monaten zum markenorientierten Unternehmen wird.

8. Bette es in die Kultur ein: Setze es fest! Geben Sie der Marke einen regelmäßigen und prominenten Platz in Ihrer internen Kommunikation. Führen Sie zum Beispiel eine feste Rubrik zu Markenthemen in der Mitarbeiterzeitschrift ein, sprechen Sie auf dem jährlichen Führungskräftemeeting regelmäßig über die Marke (besser noch: lassen Sie den CEO über die Marke sprechen), nutzen Sie jede Gelegenheit, an das Projekt zu erinnern und die Bedeutung der Marke für Ihr Unternehmen klar zu stellen. Etablieren Sie ein Brand Council, das auf höchster Hierarchieebene die Geschicke der Marke überwacht. Und: Nutzen Sie die in Kapitel 4 dargestellten Instrumente des Internal Branding, um markenorientiertes Denken in Ihrer Unternehmenskultur festzusetzen.

3.7 Checkliste: Wie Sie den Erfolg eines internen Markenführungsprojekts intuitiv beurteilen können

Die folgende Checkliste ermöglicht Ihnen eine erste Einschätzung, ob Ihr markenorientierter Veränderungsprozess richtig aufgesetzt wurde und positiv verläuft. Je mehr Fragen Sie mit Ja beantworten können, umso positiver ist Ihr Projekt zu bewerten. Bei mehr als sieben Ja-Antworten scheint Ihr Projekt auf der Erfolgsspur zu sein.

		Ja	Nein	Weiß nicht
1.	Wir haben zu Projektbeginn erst einmal den Status der Marke erhoben.	❏	❏	❏
2.	Unser Markenführungsprozess ist auf alle Stakeholder des Unternehmens ausgerichtet.	❏	❏	❏
3.	Die von uns definierte Markenidentität ist authentisch. Sie passt zu uns und bildet unsere Stärken ab.	❏	❏	❏
4.	Die von uns definierte Markenidentität ist differenzierend und unterscheidet uns vom Wettbewerb.	❏	❏	❏
5.	Die von uns definierte Markenidentität ist für Kunden und Mitarbeiter gleichermaßen relevant.	❏	❏	❏
6.	Wir besitzen ein Regelwerk, in dem die wichtigsten Elemente unseres Markensystems beschrieben sind.	❏	❏	❏
7.	Wir haben so genannte Key Performance Indikators (KPIs) definiert, die wir regelmäßig erheben und anhand derer wir sehr genau beurteilen können, ob unsere Marke ihre Attraktivität steigern kann oder nicht.	❏	❏	❏
8.	Im Gegensatz zum Projektbeginn verstehen heute viele unserer Mitarbeiter und die Mehrheit der Führungskräfte, dass Marke nicht nur ein Thema für die Marketingabteilung ist, sondern alle Fachbereiche betrifft. Markenführung wird immer öfter als übergreifender Prozess verstanden.	❏	❏	❏

		Ja	Nein	Weiß nicht
9.	Unsere Führungskräfte sprechen heute häufiger über unsere Marke als noch vor sechs Monaten.	❏	❏	❏
10.	Es gibt bereits kleine Beispiele, wie die Beschäftigung mit dem Thema Marke unser Tagesgeschäft positiv beeinflusst hat.	❏	❏	❏

Kapitel 4

Instrumente zur Förderung des markenorientierten Verhaltens

„Es gibt nichts Gutes, es sei denn, man tut es."
(Volksweisheit)

4.1 Die zentralen Hebel des Internal Branding

Die Erfahrung in der Praxis zeigt, dass markenorientierte Veränderungsprozesse oftmals deshalb scheitern, weil in der Phase der Markenimplementierung inadäquate, rein auf die Kommunikation ausgerichtete, Instrumente eingesetzt werden. Dies verwundert insbesondere deshalb, weil bereits heute eine Vielzahl an Instrumenten bekannt ist, die zum Ziel haben, Mitarbeiterverhalten mit der kommunizierten Markenidentität in Einklang zu bringen. Diese Instrumente werden in der Regel im Rahmen des Identitätsorientierten Ansatzes der Markenführung genannt.

Wie bereits ausgeführt, geht das identitätsorientierte Markenmanagement, dessen prominenteste Vertreter *Meffert* und *Burmann* sind, über die einseitige Fokussierung auf die Absatzmärkte und die entsprechenden Instrumente der Kommunikationspolitik weit hinaus. Das durch die Märkte erlebte Markenimage steht nicht mehr allein im Zentrum der Analysen und Maßnahmen. Basierend auf den Grundgedanken des integrierten Marketings berücksichtigt der Identitätsorientierte Ansatz der Markenführung alle Stakeholder der Marke, wie beispielsweise Mitarbeiter, Kunden, Lieferanten und die Gesellschaft. Alle markenbezogenen Aktivitäten werden im Sinne einer Ganzheitlichkeit der Markenführung über Funktions- und Unternehmensgrenzen hinweg ausgestaltet. Gemäß diesem Verständnis wird das Markenmanagement als ein integrativer, funktionsübergreifender Bestandteil der Unternehmensführung verstanden, in dem die markengerechte Ausgestaltung des Mitarbeiterverhaltens eine zentrale Rolle einnimmt.

Die Vorteile der identitätsorientierten Markenführung sind offensichtlich:

- Eigene Potenziale, Stärken und Kompetenzen stehen im Zentrum der Betrachtung und werden somit optimal gefördert.

- Hierdurch steigert sich die Identifikation der Mitarbeiter mit ihrer (Unternehmens-)Marke.

- Als Folge dessen agiert das Unternehmen als Ganzes nach innen sowie nach außen glaubwürdiger.

- Das durch das glaubwürdige Auftreten des Unternehmens gestärkte Vertrauen in die Marke bildet die Grundlage einer langfristigen Kundenbindung und Markentreue.

Am weitesten in Bezug auf die Überlegung, das Thema Marke auch nach innen wirklich ganzheitlich zu begreifen und anzugehen, ist die Dienstleistungsbranche. Diejenigen Serviceunternehmen, die – wie etwa die Hoteliers von *Ritz-Carlton* oder die Bankiers von *UBS* – über starke Marken verfügen, haben schon lange erkannt, dass alle Instrumente, die auf Veränderungen im Mitarbeiterverhalten abzielen, auch potenzielle Instrumente der Markenführung darstellen. Dies ist nicht nur auf die auch in der Praxis gesteigerte Aufmerksamkeit für den Identitätsorientierten Ansatz der Markenführung zurückzuführen, sondern gleichfalls auf die Enttäuschung über die begrenzte Wirksamkeit rein kommunikationspolitischer Aktivitäten. Immer mehr scheint sich die Erkenntnis durchzusetzen, dass im Kontext von Dienstleistungsmarken nur ein Mix unterschiedlicher Instrumente dazu beitragen kann, Mitarbeiterverhalten markenkonform auszurichten.

Die Forderung nach dem Einsatz eines Instrumenten-Mix führt zu der Erkenntnis, dass die Markenführung im Kontext von Dienstleistungen viel breiter auszurichten ist als beispielsweise im Kontext von Sachgütern. Personalpolitische Instrumente, wie die markenkonforme Auswahl von Bewerbern oder die Sozialisation neuer Mitarbeiter, zählen bei Dienstleistungen ebenso zum Instrumentarium des Markenmanagers wie entsprechende Führungs- oder Anreizsysteme. Jedoch lassen sich nicht nur im Kontext von Dienstleistungen, sondern generell in sehr vielen Branchen verschiedene Instrumente

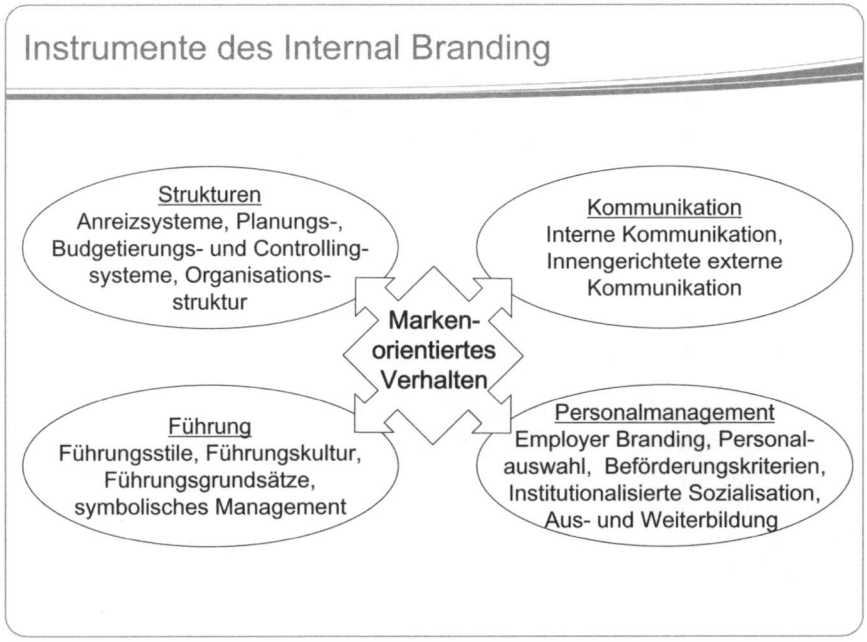

Instrumente des Internal Branding

Strukturen
Anreizsysteme, Planungs-, Budgetierungs- und Controllingsysteme, Organisationsstruktur

Kommunikation
Interne Kommunikation, Innengerichtete externe Kommunikation

Marken-orientiertes Verhalten

Führung
Führungsstile, Führungskultur, Führungsgrundsätze, symbolisches Management

Personalmanagement
Employer Branding, Personalauswahl, Beförderungskriterien, Institutionalisierte Sozialisation, Aus- und Weiterbildung

Abbildung 12: Ein Vorschlag zur Kategorisierung von Instrumenten des Internal Branding

identifizieren, die einen Beitrag zu Stärkung der Marke leisten und somit auch als Instrumente des Internal Branding bezeichnet werden können. Diese Instrumente lassen sich den in Abbildung 12 benannten Kategorien zuordnen.

In den folgenden Abschnitten werden einzelne Instrumente des Internal Branding gemäß dem in Abbildung 12 skizzierten Verständnis vorgestellt. Die Zuordnung zu den einzelnen Kategorien ist dabei nicht immer eindeutig möglich. So gibt es beispielsweise durchaus Instrumente, die sowohl die Führungskultur als auch Anreizsysteme betreffen. Es wird nicht der Anspruch erhoben, dass die dargestellten Instrumente alle per se Instrumente der Markenführung darstellen. Natürlich ist beispielsweise die Schulung von Mitarbeitern ein Instrument des Personalmanagement. Nur dort, wo ein solches Instrument bewusst und zielgerichtet eingesetzt wird, um die Marke zu stärken, kann es auch als Markenführungsinstrument bezeichnet werden.

4.2 Die Marke nach innen kommunizieren

Viele Führungskräfte sind sich durchaus bewusst, dass Mitarbeiter in hohem Maße die Marke repräsentieren und neben ihrem Verhalten auch mit ihrer persönlichen Kommunikation die Markenwahrnehmung der Kunden erheblich beeinflussen. Allerdings fehlt manchen das Know-how, auf der Klaviatur des Internal Branding zu spielen und die Gesamtheit der Instrumente zu bedienen. Andere verfügen über das entsprechende ganzheitliche Verständnis, sind in ihren Unternehmen aber an enge Bereichsgrenzen gebunden. Da die Markenführung nun einmal eine übergreifende Disziplin ist und, richtig verstanden, sich in keinem traditionelles Organigramm abbilden lässt, wird auch das Internal Branding häufig nur mit isolierten Aktionen einzelner Fachbereiche betrieben. Die dominierende Stellung nimmt hierbei oftmals die Marketingabteilung oder die Unternehmenskommunikation ein, die traditionell das Markenthema in den Unternehmen vorantreiben.

In der Tat ist es sehr wichtig, die Markenidentität professionell nach innen zu kommunizieren. Denn Plakate in dem Sinne „Wir sind ein kundenorientiertes Unternehmen" reichen nicht aus, um Menschen für gemeinsame Ziele zu begeistern und zu mobilisieren. Vielmehr müssen verschiedene Medien und Informationsformen miteinander kombiniert werden, um eine wirksame Botschaft zu platzieren. Dabei gilt es allerdings stets, die interne Kommunikation zielgruppengerecht auszugestalten. So ist mit den Führungskräften anders zu sprechen als mit dem mittleren Management, Teamleitern, Facharbeitern, ungelernten Kräften oder den Auszubildenden. Wie die internen Zielgruppen zu segmentieren sind, hängt jeweils von den individuellen Gegebenheiten des Unternehmens sowie von Art und Inhalt der zu platzierenden Botschaft ab.

Was tun Unternehmen konkret, um ihre Marke gegenüber ihren internen Zielgruppen darzustellen? Die Bandbreite möglicher Maßnahmen ist enorm und beinhaltet die klassischen und auch viele neue Kommunikationskanäle. So werden beispielsweise Artikel über die Marke und markenrelevante Projekte in der Mitarbeiterzeitschrift veröffentlicht. Markenhandbücher werden entwickelt, in denen die Marke erläutert wird und die das aus den Markenwerten abgeleitete „erwünschte" Mitarbeiterverhalten beschreiben. Plakatkampagnen werden aufgesetzt, die einzelne Markenwerte thematisieren und die Erwartungen an die Mitarbeiter im Tagesgeschäft vor Augen führen sollen. Im Intranet gibt es Rubriken und eventuell sogar „Chats" sowie Diskussionsforen zur Marke. Bei Veränderungen am Markensystem, die zum Beispiel im Zuge einer Neupositionierung notwendig werden, werden häufig Mailings eingesetzt, die auf das Neue aufmerksam machen sollen. Gleiches gilt meistens für das interne E-Mail-Marketing oder auch für Gewinnspiele, in denen etwa Markenwissen abgefragt wird. Um neue Zyklen in der Markenführung zu verdeutlichen, was in der Regel zu Beginn eines Markenführungsprojekts notwendig ist, werden große Events veranstaltet, die als Informationsplattform dienen und häufig auch das Ziel haben, die Mitarbeiter „mit auf die Reise" zunehmen und sie zu emotionalisieren. In kleinerem Rahmen veranstalten manche Unternehmen Markenworkshops, in denen über markenkonformes Verhalten diskutiert wird und vielleicht sogar Veränderungsbedarfe aus Sicht der Mitarbeiter abgefragt werden. Fast immer spielen Give-aways bei der markenorientierten internen Kommunikation eine Rolle, mit denen die Marke sozusagen auf den Schreibtischen und im Leben der Mitarbeiter Einzug halten soll. Moderne und meistens auch größere Unternehmen nutzen auch das Business-TV zur markenorientierten Kommunikation.

Denkbar sind also viele Instrumente, die ebenfalls in der externen Kommunikation eingesetzt werden. Häufig werden auch externe und interne Kommunikationen miteinander vermischt, um sozusagen mehrere Fliegen mit einer Klappe zu schlagen. Dann spricht man von nach außen gerichteter Markenkommunikation an Interne (zum Beispiel markengerichtete Anzeigen mit Mitarbeitermotiven). Einige besonders interessante oder auch gelungene Fallbeispiele interner Markenkommunikation sollen im Folgenden vorgestellt werden.

Das Unternehmen *ThyssenKrupp* schaltete in jüngster Zeit eine Werbekampagne, die sowohl Kunden als auch Mitarbeiter anspricht, wobei letztere im

Fokus stehen. Die Abbildung von Mitarbeiter-Kindern mit Aussagen wie „Mein Vater macht für tolle Autos Stoßdämpfer mit Federn aus Luft" oder „Mein Papa schafft 70 000 Kilometer in 0,23 Sekunden" haben nicht nur zum Ziel, in einfachen Worten komplexe Produkte zu erklären, sondern sollen für Stolz und Bekenntnis zum Unternehmen sorgen. Ähnliche Ziele mit einer anderen Umsetzung verfolgte *E.ON:* In der Werbekampagne wurden einzelne, real existierende, Mitarbeiter abgebildet, die als echte authentische Typen wahrgenommen werden sollten. Dies sollte die Marke für die Kunden vermenschlichen, aber gleichzeitig den Mitarbeitern die Vielfalt der Charaktere im Unternehmen und das gemeinsame Ziel verdeutlichen: Seht her, wir sind alle anders, aber dennoch stehen wir alle für eine Marke: E.ON!

Bei *Harley-Davidson* gibt es einen Code of Business Conduct, also ein Buch, in dem beschrieben ist, welches Verhalten das Unternehmen von seinen Mitarbeitern in ihrer täglichen Arbeit erwartet. Weiterhin werden dort Verhaltensrichtlinien gegenüber Lieferanten und Händlern kodifiziert und den Mitarbeitern gegenüber kommuniziert. Die Idee dabei ist, dass ein an wenigen Grundsätzen ausgerichtetes Verhalten dazu beiträgt, die Marke insgesamt zu stärken. Dieses Buch heißt „Everyday Values". Bei anderen Unternehmen nennen sich solche Schriften Markenhandbücher, Brand Manuals oder auch Brand Guidelines.

Die Unternehmen *Nike* und *Disney* hingegen verfügen über so genannte Brand Mantras, welche in wenigen Worten die Markenidentität verdeutlichen sollen. Brand Mantras dienen nicht als externer Slogan, sondern werden auf ganz unterschiedliche Weise den Mitarbeitern gegenüber immer wieder kommuniziert, um das Wesen der Marke mit wenigen, einfachen Worten zu verdeutlichen. Bei Nike lautet dieses Brand Mantra „authentic athletic performance", bei Disney „fun family entertainment".

Während Brand Mantras das Markenversprechen mit wenigen Worten verdeutlichen und sich ohne Segmentierung an alle Führungskräfte und Mitarbeiter richten, werden Brand Guidelines oft zielgruppengerecht ausgestaltet, wie es das Beispiel des „IBM Insider's Guide" verdeutlicht. Die relevanten Werte von *IBM* lauten beispielsweise: „Dedication to every client's success. Innovation that matters – for our company and for the world. Trust and personal responsibility in all relationships." Diese Werte werden im „IBM Insider's Guide" dargestellt, der Führungskräfte im Vertrieb befähigen soll, ein konsistentes „IBM-Marken-Erlebnis" zu bieten. Da der Vertrieb in vielen Branchen die externe Markenwahrnehmung ganz erheblich prägt, ist das Bestreben vieler markenorientierter Unternehmen sehr gut nachvollziehbar, insbesondere die Vertriebsmitarbeiter auf die Markenwerte auszurichten.

Auf vielen *IBM-Rechnern* ist übrigens auch ein Bildschirmschoner installiert, der tagein, tagaus die Markenwerte vor Augen hält. Bei *General Electric* werden die vier zentralen Markenwerte „imagine", „solve", „build" und „lead" unter anderem mit Hilfe von „Values Cards", Postern und T-Shirts sowie einer Art Zauberwürfel den Mitarbeitern nahe gebracht. Einen solchen Würfel setzt übrigens auch *TNT* ein, um seine Markenwerte, unter anderem Präsenz und Business Excellence, sowie deren Konkretisierungen den Mitarbeitern nahe zu bringen. Und das Telekommunikationsunternehmen *Orange* geht einen ganz ungewöhnlichen, ja geradezu duftenden Weg, um seine Markenwerte „geradeheraus", „ehrlich", „erfrischend", „dynamisch" und „freundlich" den eigenen Mitarbeitern zu vermitteln. *Denise Lewis*, Bereichsleiterin Unternehmenskommunikation von Orange, führt in ihrem Beitrag „Leuchtende Markenzukunft: Orange", in dem bemerkenswerten Buch „Inclusive Branding" von *Klaus Schmidt* aus: „Die Leistung unseres Call-Centers ist besser, weil die Leute vom Orange-Ethos durchdrungen sind. Im gesamten Gebäude sind die Beschäftigten von Beispielen des Orange-Ethos umgeben: positive Botschaften am Schreibtisch oder der neue Aromatherapieraum mit Duftmischungen für jeden unserer Kernwerte."

Das Schweizer Unternehmen *Hilti* setzt verstärkt auf die Methode des „Story Telling". Dabei werden anhand von illustrierten Karten Geschichten aus dem Arbeitsalltag der Mitarbeiter erzählt, die dann in Gruppendiskussionen aufgearbeitet werden können. Andere Unternehmen nutzen das „Story Telling" nicht als Arbeitstool, sondern streuen bewusst Geschichten, die den Mitarbeitern klar machen sollen, was das Unternehmen von ihnen erwartet. Wer von uns Außenstehenden weiß denn schon, ob die Geschichte vom *3M*-Mitarbeiter, der einen Kirchenchor leitete und nach einer Möglichkeit suchte, die Liedtexte der Gesangbücher mit ablösbaren Zettelchen zu markieren, tatsächlich stimmt? So soll er nämlich auf die Idee gekommen sein, den Spezialkleber zu entwickeln, der heute die Grundlage der Post-it's bildet. Ob wahr oder nicht – die Geschichte illustriert hervorragend, welche Eigenschaften das Unternehmen von seinen Mitarbeitern erwartet, um die Marke zu stärken – nämlich unter anderem Begeisterung für Innovationen, die sich in konkretem Handeln niederschlägt.

Unter den menschlichen Sinnen, die durch markenorientierte innengerichtete Kommunikation bei den Mitarbeitern angesprochen werden sollen, darf bei den hier zitierten Bespielen der Gehörsinn nicht fehlen: *Henkel* hat im Jahre 2002 eine Firmenhymne mit dem Titel „We together" komponieren lassen, die alle Mitarbeiter des Unternehmens verbinden soll. Neben einer internationalen Version gibt es lokale Versionen in verschiedenen Sprachen und mit unterschiedlichen Musikrichtungen. Generell sollen unternehmenseigene Lieder ein Gemeinschaftsgefühl wecken sowie zur Identifikationssteigerung der Mitarbeiter beitragen. Einige Unternehmen nutzen solche Hymnen in ihrer Telefonwarteschleife oder beim Hochfahren des PCs, andere bei internen Veranstaltungen. Ein Firmensong eines japanischen Unternehmens soll es bereits in die Charts gebracht haben.

4.3 Die richtigen Menschen einstellen und fördern

So wichtig eine markenorientierte Kommunikation auch sein mag, so wenig wird sie ausrichten können, wenn sie auf unfruchtbaren Boden fällt. Denn nicht immer wird es möglich sein, jeden Mitarbeiter für die eigene Marke zu begeistern und ein entsprechendes, auf die Markenwerte ausgerichtetes Verhalten zu bewirken: Jede starke Marke hat auch Gegner, die sich nicht mit ihren Werten identifizieren können. Doch was wir von echten Markenfans auf der Kundenseite schon lange wissen – dass zum Beispiel viele *Coca-Cola*-Käufer lieber aus dem Wasserhahn trinken als aus einer *Pepsi*-Dose oder treue *McDonald*'s-Kunden nur selten bei *Burger King* zu finden sind – scheint intern bisher zu wenig Beachtung zu finden.

Doch warum sollte ein Markensystem intern anders funktionieren als extern? Auch unter Ihren Mitarbeitern wird es Menschen geben, die sich nicht mit Ihrer Marke identifizieren können. Durch eine gezielte Personalauswahl und durch die markengerechte Sozialisation, sprich Einarbeitung neuer Mitglieder der Markenfamilie, sollten Sie den Anteil „interner Markenabweichler" möglichst gering halten. Allerdings beginnt das Heranziehen der richtigen Leute nicht erst beim Auswahlgespräch, sondern bereits mit einem zielgerichteten, auf die Marke abgestimmten Employer Branding, welches diejenigen Menschen anzieht, die zur Marke passen. Und es endet nicht mit einer markengerechten Welcome-Veranstaltung, sondern mit markengerechten Schulungen und mit der Verstärkung markengerechten Verhaltens auch durch entsprechende Beförderungskriterien. Dabei geht es nicht darum, Querdenken und neue Impulse im Unternehmen zu verhindern. Ziel eines markenorientierten Personalmanagements ist es, die Einstellung und Förderung von Mitarbeitern zu verhindern, deren grundsätzliche Überzeugungen nicht zur Marke und ihren Werten passen. Wie markenorientierte Unternehmen die markenkonforme Personalauswahl und Förderung sicher stellen, sollen folgende ausgewählte Beispiele verdeutlichen:

Kommen wir zunächst auf die Personalselektion bei markenorientierten Unternehmen zu sprechen, in deren Zentrum die Frage steht, ob ein Kandidat zur Marke passt oder nicht. Die Hoteliers von *Ritz-Carlton* beispielsweise legen in ihrem Auswahlprozess großen Wert auf so manches Detail, das andere vielleicht als unbedeutend betrachten würden. Als Einstellungskriterium gilt beispielsweise, dass ein Bewerber „natürlich lächeln" sollte. Warum das für die Marke *Ritz-Carlton* so wichtig ist, erklärt in einer Fallstudie im Internet ein Manager des „The Portman *Ritz-Carlton*" in Shanghai: „If the person smiles naturally, that's very important to us because this is something you can't force. And if you're happy on the inside, you're happy on the outside. That makes others feel good." Und für die Marke *Ritz-Carlton*, die immer noch eng mit ihrem Gründer *César Ritz* verbunden ist, der als „the king of hoteliers and hotelier to kings" galt, ist es beinahe die Existenzberechtigung, anderen ein gutes Gefühl zu geben.

Auch das bereits erwähnte Unternehmen *Orange* legt im Rahmen seiner Rekrutierung großen Wert auf die markenkonforme Auswahl seiner Mitarbeiter. Noch einmal sei *Denise Lewis*, Bereichsleiterin Unternehmenskommunikation, zitiert. Sie betont, wie wichtig es für *Orange* ist, dass die Mitarbeiter zur Marke passen: „Wir lehnen 75 Prozent der Kandidaten für unsere fünf Call-Center ab. Wir suchen nach der richtigen Einstellung, die zur Marke passt: positives Denken, Anpassungsfähigkeit und die Bereitschaft, sich einer Herausforderung zu stellen." Weiter führt sie aus: „Um sicher zu gehen, dass unsere Beschäftigten wirklich mit einer Stimme von *Orange* sprechen, haben wir weit reichende Einführungsprozesse für einzelne Mitarbeiter und neue Geschäftsbereiche entwickelt. Sie werden wirklich von allen, ob neuer CEO oder Kundendienstmitarbeiter, absolviert."

Auch die Einführungsprozesse bei den Luxushoteliers von *Ritz-Carlton* sind stark darauf ausgelegt, den neuen Mitarbeitern die Marke näher zu bringen: Bevor neue Mitarbeiter Kontakt mit Gästen haben, werden Sie zwei Tage lang im Hinblick auf die Kultur und Philosophie des Hauses geschult. In diesen Veranstaltungen erklären der General Manger des Hotels, die Verantwortlichen aus der Personalabteilung sowie weitere Mitglieder des Führungsteams „The Ritz-Carlton Credo". Weiterhin werden in diesen Einführungen das Markenversprechen an die Mitarbeiter diskutiert sowie die zwölf „Service Values" des Hauses vorgestellt. Erst nach dieser Einführung erhalten die neuen Mitarbeiter mehrere Trainingstage aus den relevanten Fachabteilungen. Darüber hinaus gibt es für alle Mitarbeiter festgeschriebene Trainings, in denen auch immer wieder die Marke *Ritz-Carlton* im Vordergrund steht. Weiterhin muss jeder Mitarbeiter jährlich eine Evaluierungsphase durchlaufen, die schriftliche Tests, Rollenspiele und Interviews zu den persönlichen Fähigkeiten, aber auch zur Kultur des Hauses und zur Marke *Ritz-Carlton* beinhaltet.

Banyan Tree, Betreiber von Hotels, Ressorts, Wellness-Oasen und Country Clubs, vornehmlich in Asien aktiv, nennt ebenfalls die markenadäquate Personalauswahl als Erfolgsfaktor des Unternehmens. Aber die Touristik-Experten haben ein weiteres Erfolgsgeheimnis, das auf den ersten Blick vielleicht ungewöhnlich klingt: Sie ermöglichen allen Mitarbeitern ihrer Ressorts jährliche „villa stays", also Urlaube in den eigenen Luxushäusern. Dies gilt auch für Mitarbeiter mit geringerer Qualifizierung aus den unteren Gehaltsregionen, die ein Unternehmen wie *Banyan Tree* zur Erstellung seiner Dienstleistung braucht. Alle Mitarbeiter sollen demzufolge das Markenerlebnis persönlich spüren, um das Besondere hieran zu verstehen und eventuell aufgrund dieses Erlebens ihr zukünftiges Verhalten markenkonform auszurichten.

Dass markenorientierte Personalführung auch ihre harten Seiten haben kann, soll an dieser Stelle auch nicht verschwiegen werden: Über das amerikanische IT-Unternehmen *Cisco-Systems* hört man immer wieder, dass dort die Fachabteilungen Marketing und Personalwesen sehr eng zusammen arbeiten würden, um Mitarbeiter anzuziehen und im Unternehmen zu halten, die ihre Rolle als Botschafter der Marke verstehen. Den Mitarbeitern müsse bewusst sein, dass es ihre Aufgabe sei, das Markenversprechen einzuhalten. Deshalb wird auch offen kommuniziert, dass derjenige, der die Marke dauerhaft nicht versteht und/oder nicht in ihrem Sinne handelt, das Unternehmen verlassen sollte. In einigen Publikationen, die sich ebenfalls dem Thema „Internal Branding" angenommen haben, wird sogar darauf verwiesen, dass 5 Prozent der Mitarbeiter von *Cisco-Systems* jedes Jahr nahe gelegt werde, das Unternehmen zu verlassen. Als Kriterien gelten dabei die individuelle Leistung und die persönliche „Passung" zur Markenidentität. Nur so könne sich markenkonformes Verhalten durchsetzen.

Ob man bei der markenorientierten Ausrichtung der Mitarbeiter so weit gehen sollte, feste Quoten für das „Aussortieren" von „Markenabweichlern" festzulegen, bleibt den markenorientierten Unternehmen selbst überlassen. Fest steht allerdings, dass gerade in denjenigen Branchen, in denen der Kontakt zwischen Mitarbeitern und Kunden die Markenwahrnehmung entscheidend prägt, die markenkonforme Personalauswahl und die entsprechende Sozialisation neuer Mitarbeiter einen zentralen Erfolgsfaktor darstellt. Denn nicht jedes Unternehmen hat eine so große Markenvielfalt wie beispielsweise *Kraft Foods*: Dort versucht man mit dem Slogan „Menschen machen Marken" sehr bewusst, unterschiedliche Persönlichkeiten einzustellen, da zum Management der Vielzahl an Marken im Portfolio des Unternehmens auch sehr unterschiedliche Charaktere benötigt werden. Schon im Einstellungsprozess wird jedoch die Bedeutung der Mitarbeiter bei der Gestaltung der Marken betont und die Verantwortung und der entscheidenden Einfluss der Mitarbeiter im Rahmen der Markenführung verdeutlicht. Ein Teil der Markenwerte wird so bereits vorab kommuniziert, um die passenden Mitarbeiter herausfiltern zu können.

4.4 Die Marke zum Bestandteil der Führungskultur machen

Ein Unternehmen kann sich nur dann markenorientiert ausrichten, wenn die Führungskräfte hinter dem Gedanken einer markenorientierten Unternehmensführung stehen. Denn Markenführung funktioniert niemals von unten nach oben, sondern ist ein klassischer Top-down-Prozess, der auf höchster Ebene angestoßen werden muss und über die Führungskräfte in das Unternehmen hineingetragen wird. Spielt eine Führungskraft nicht mit, und übernimmt sie keine Vorbildfunktion in Sachen Marke, wird es auch schwierig sein, im eigenen Bereich markenorientierte Mitarbeiter zu finden. Denn in Unternehmen ist es vielfach wie auf dem Wochenmarkt: Der Fisch stinkt meist vom Kopfe her.

Das Führungsverhalten übt einen starken Einfluss auf das Mitarbeiterverhalten aus. Wieso ist das so? Mitarbeiter beobachten ihre Führungskräfte sehr genau. Und manche imitieren sie sogar – bewusst oder unbewusst. So ist es zu erklären, dass in vielen Abteilungen ein individuelles Klima herrscht, welches sich von anderen Abteilungen innerhalb desselben Unternehmens stark unterscheidet. Hierfür muss nicht einmal der viel zitierte Gegensatz zwischen Vertriebsabteilung und Buchhaltung bemüht werden – selbst einzelne Teams innerhalb eines Aufgabenbereichs haben mitunter eine unterschiedliche Kultur entwickelt, die oftmals darauf beruht, wie sich der direkte Vorgesetzte verhält. Wenn jedoch eine Führungskraft über ihr Verhalten die Kultur in ihrem direkten Umfeld prägt und diese Kultur dann die Menschen prägt, so liegt die Schlussfolgerung nahe, dass in markenorientierten Unternehmen die Vorbildfunktion des Managements gezielt genutzt wird, um markenorientiertes Verhalten zu beeinflussen.

Die Wirkungskette kann dabei folgendermaßen dargestellt werden: Die Markenwerte, die das nach außen kommunizierte Leistungsversprechen und somit auch die Erwartungen der Kunden entscheidend prägen, sind in markenorientierten Unternehmen Bestandteil der Führungskultur. Denn aus der Führungskultur leitet sich das konkrete Führungsverhalten ab, und das Führungsverhalten beeinflusst das Verhalten der Mitarbeiter. Die Mitarbeiter sind allerdings häufig diejenigen, die das Markenversprechen einlösen. In der Wahrnehmung des Kunden kann das kommunizierte Markenversprechen in vielen Fällen also nur dann eingelöst werden, wenn sich die Markenwerte nicht nur in der (externen) Kommunikation, sondern auch im Führungsverhalten niederschlagen.

Das Erleben der persönlichen Situation am eigenen Arbeitsplatz prägt also die interne Markenwahrnehmung des Mitarbeiters und ist zugleich abhängig vom beobachteten Führungsverhalten. Führungsverhalten, das nicht auf die Marke ausgerichtet ist, muss also zwangsläufig zu einer verzerrten Wahrnehmung der Marke aus Mitarbeitersicht und somit zu nicht unbedingt markenkonformen Verhalten führen. Wie kann nun die Führungskultur und somit auch das Führungsverhalten in einem Unternehmen markenorientiert ausgestaltet werden?

Eine Möglichkeit hierfür besteht darin, die Führungskräfte tatsächlich dazu aufzufordern, Führungsleitlinien aus den Markenwerten abzuleiten. So könnte es zum Beispiel sein, dass die Führungskräfte eines Unternehmens, das sich den Markenwert „Kreativität" verordnet hat, keinen so großen Wert auf die detailgenaue Einhaltung von Regularien durch ihre Mitarbeiter legen wie Führungskräfte eines anderen Unternehmens, das nach außen eher effizient oder technisch wirken will. Und ein Unternehmen, dessen Führungskräfte nur geringen Wert auf ein positives Arbeitsumfeld ihrer Mitarbeiter legen, wird kaum Chancen haben, sich als verantwortungsbewusstes Unternehmen zu positionieren, auch wenn die Marke in der Kommunikation in dieser Hinsicht aufgeladen wird. In jedem Fall ist es jedoch unerlässlich, dass das Top-Management eines markenorientierten Unternehmens seinen Führungskräften gegenüber deutlich macht, welche Bedeutung die Markenwerte für das praktizierte Führungsverhalten haben. Unternehmen, die über einen solchen oftmals auch „Code of Conduct" genannten Leitfaden verfügen, sind zum Beispiel *Ernst & Young* oder auch *Harley-Davidson*. Wie der Prozess einer vereinbarten Führungskultur ausgestaltet werden kann, wird unter anderem im Praxisbeispiel zum Unternehmen *TNT Innight* im Fallstudienteil dieses Buches dargestellt.

Neben Vereinbarungen zum Führungsverhalten zählt aber auch das Führen mittels Symbolen zu den Stellschrauben der internen Markenführung. Jedes Unternehmen entwickelt seine eigenen Symbole. Die bewusste und zielorientierte Gestaltung solcher Symbole im Hinblick auf die Marke ist Inhalt und Ziel des so genannten „Symbolischen Managements". Symbolisches Management bedeutet dabei, Mitarbeiter über anschau- oder auch angreifbare Elemente einer Marke immer wieder an ihre Bedeutung und an die dahinter stehenden Werte zu erinnern und diese somit gezielt als Führungsinstrumente zu nutzen. Ein gutes Beispiel – würde man sie als Marke bezeichnen – wäre die katholische Kirche, die mit Rosenkranz, Weihrauch oder Priestertalar über unglaublich starke Symbole verfügt. Ein weltliches, aber auch sehr gutes Beispiel ist das Markenmuseum von *Mercedes-Benz*, in dem sich die Mitarbeiter aktiv mit der Historie der Marke auseinandersetzen können, um deren Werte besser zu verstehen. Die Eröffnung des Markenmuseums wurde außerdem begleitet von einem internen Projekt mit dem Namen „Zukunft braucht Herkunft", in dem die Mitarbeiter durch unterschiedliche Maßnahmen die Markenherkunft kennen lernen und verstehen sollten. Die aktive Aufarbeitung der eigenen Geschichte, durch die vermittelt wurde, was die Marke „groß gemacht" hat, um sozusagen über einen Transfer- und Lernprozess Mitarbeiterverhalten zu beeinflussen, wirkt ganz nebenbei sehr authentisch und sympathisch.

Ein anderes, sehr bekanntes Beispiel für symbolisches Management im Sinne der Marke ist die Garage von *Hewlett Packard*, eine Nachbildung derjenigen Garage, in der die legendären Unternehmensgründer *William Hewlett* und *David Packard* ihre ersten Erfindungen entwickelten. Diese Garage diente lange Zeit nicht nur als Key Visual in der externen Kommunikation von *HP*, sondern fand sich auch in vielen Niederlassungen des Unternehmens als originalgetreuer Nachbau wieder. Ohne viele Worte zu machen, machte diese Symbolik den Mitarbeitern gegenüber deutlich: Hier bei *HP* schätzen wir nichts mehr als Pioniergeist, Erfindertum und Pragmatismus. Das sich hierdurch auch Führungs- und Mitarbeiterverhalten an diesen Werten orientierte, darf durchaus angenommen werden.

Zum nach innen gerichteten symbolischen Management zählen aber auch Veranstaltungen wie die immer beliebter werdenden „Charity Walks" von Unternehmen wie *Aral* oder *JP Morgan*, bei denen durch den „rennenden" Einsatz von Mitarbeitern und Kunden Spendengelder für Hilfsprojekte gesammelt werden. Oder interne Events wie Management-Meetings, die in einem immer gleichen Rahmen abgehalten werden. Zudem haben auch Rituale wie der bekannte *Wal-Mart Cheer* symbolischen Charakter: Bei dem in Deutschland nicht erfolgreichen Handelskonzern müssen die Mitarbeiter morgens antreten, um sich auf die Marke einzuschwören: „Give me a W, give me an A, give Me an L … Whose Wal-Mart ist it? It's my Wal-Mart. Whose number one? The customer, always." Auch solche Maßnahmen – mag man von ihnen halten, was man will – können im richtigen

Kontext dazu beitragen, die Markenidentität nach innen zu vermitteln. Und außerdem machen sie deutlich: „It's my..."!

4.5 Markenorientierte Strukturen implementieren

Mitarbeiter, die markenorientiert geschult, gefördert und geführt werden, deren markenkonformes Verhalten sich auszahlt und an die schließlich vom Unternehmen auch markenkonform kommuniziert wird, müssen sich zwangsläufig noch nicht markenkonform verhalten, auch wenn sie sich grundsätzlich mit der Marke und ihren Werten identifizieren. Denn unter Umständen verhindern dies die Strukturen des Unternehmens, zu denen nicht nur die Organisationsstruktur, sondern auch alle Planungs-, Steuerungs-, Budgetierungs- und Anreizsysteme zählen. Falls die Strukturen tatsächlich einem markengeleiteten Mitarbeiterverhalten entgegenstehen, so ist dies natürlich in zweierlei Hinsicht bedauerlich: Erstens war all die Überzeugungsarbeit gegenüber den Mitarbeitern umsonst. Möglicherweise wurde in markenorientierte Kommunikation investiert, es wurden Mitarbeiter rekrutiert und gefördert, die zur Marke passen, und es wurden entsprechende Führungssysteme etabliert, ohne dass nun die Früchte dieser Arbeit eingefahren werden können. Und zweitens – und das ist vielleicht sogar noch bedauerlicher – hat man anscheinend eine Markenidentität bzw. ein Markensollbild entwickelt, das nur wenig mit den tatsächlichen Gegebenheiten harmoniert. Nun dürfte es enorme Anstrengungen kosten, die Strukturen sozusagen nachträglich der Marke anzupassen.

Einleuchtend ist, dass die Organisationsstruktur eines Unternehmens die Markenwahrnehmung durch den Kunden oder durch andere externe Stakeholder erheblich beeinflussen kann. Ein regional agierender Kundenservice vermittelt eine andere Wahrnehmung als ein zentrales, sprachgesteuertes Call-Center. Ein Versicherungsunternehmen, das seine Produkte über Versicherungsmakler vertreibt, vermittelt andere Werte als ein ähnliches Unternehmen mit eigener Außendienstorganisation. Aber dasselbe gilt natürlich auch für das Mitarbeiterverhalten. Ein „Missfit" zwischen Strukturen und intern vermittelter Markenidentität ist dabei oftmals in denjenigen Fällen zu beobachten, in denen die Markenidentität eher an ein Idealbild als an eine herausfordernde Soll-Identität erinnert. Ein Außendienstmitarbeiter, der den Premiumanspruch seiner Marke verkörpern will, wird dies nur sehr begrenzt tun können, wenn er auf rückständige Arbeitsmaterialien zurückgreifen muss, die nicht mehr „state of the art" sind. Ein Mitarbeiter der Vertragsabteilung, der flexibel auf eine Kundenanfrage reagieren möchte, wird dazu in bürokratischen Strukturen nicht in der Lage sein. Und Führungskräfte, die durch die Organisationsform des Unternehmens niemals ermuntert wurden, crossfunktional zu denken, werden es schwer haben, einen Markenwert wie Offenheit oder Innovation im Kundenkontakt tatsächlich zu leben, auch wenn sie es gerne wollten.

In dem dargelegten übergreifenden Sinne können alle Maßnahmen von Unternehmen immer dann als markenorientierte Aktivitäten interpretiert werden, wenn sie bewusst eingeleitet und umgesetzt werden, um die Marke zu stärken. Häufig werden solche Maßnahmen von sogenannten Brand Councils angeregt, die auf hoher oder sogar höchster Hierarchieebene das Unternehmen permanent im Hinblick auf mögliche Abweichungen zur Markenidentität scannen. Manchmal haben diese Brand Councils einen Schwerpunkt im Marketing, wie dies beispielsweise bei dem Druckmaschinenhersteller *Heidelberg* der Fall ist. Im Idealfall sind sie aber funktionsübergreifend besetzt und verstehen sich als erster Anwalt der Marke im Unternehmen. Unternehmen wie *3M, Kodak* oder *BASF* verfügen zum Beispiel über ein solches Brand Council. Doch auch andere Beispiele jenseits der Etablierung von Gremien machen deutlich, wie markenorientierte Unternehmen ihre Strukturen ausrichten, um ihrer Marke und deren Werten gerecht zu werden.

Die Integration einer Markenperspektive in persönliche Zielsysteme oder sogar Entlohnungsmodelle ist ein Beispiel für markenorientierte Maßnahmen, die einen strukturellen Charakter haben. *Ford* beispielsweise ist ein Unternehmen, das für seine Mitarbeiter Brand Score Cards entwickelt hat. Diese Brand Score Cards sind angelehnt an das Konzept der Balanced Score Card und beleuchten den Erfolg einer Marke aus unterschiedlichen Perspektiven. Die einzelnen Markenwerte werden dabei auf verständliche Zielsetzungen heruntergebrochen, die für den einzelnen Arbeitsplatz des Mitarbeiters relevant sind. Der Mitarbeiter wird an der Erreichung dieser Ziele gemessen. Somit wird sichergestellt, dass sein markenkonformes Verhalten einerseits belohnt wird, und er andererseits die Zusammenhänge zwischen seiner persönlichen Zielerreichung und seinem Beitrag zur Herausbildung der Marke auch versteht. Der Telekommunikationsdienstleister *E-Plus* ist ein weiteres Unternehmen, welches mit einen dezidierten Kennzahlensystem den Erfolg der eigenen Marke misst und das Mitarbeiterbonussystem zumindest teilweise hieran koppelt.

Dass eine gute Absicht alleine häufig nicht ausreicht für einen kulturellen Wandel – und um nicht anderes geht es in vielen markenorientierten Veränderungsprojekten –, wird im Monat Februar 2007 im *Manager Magazin* am Beispiel von *IBM* beschrieben: „An den Ängsten hat auch die große Wertekampagne, die CEO Palmisano 2003 startete, wenig geändert. Aus einer ‚value jams' genannten Online-Diskussion, an der sich Zehntausende Mitarbeiter beteiligten, entstand zwar ein neuer Konzernkodex, der Kundenorientierung, Innovation und eben Vertrauen beschwört. Die Bunkermentalität an den traditionellen Standorten konnte die wohltönende Firmenphilosophie aber noch nicht eliminieren." Das *Manager Magazin* fährt fort: „Viel wirksamer als die guten Worte erweist sich beim Kulturwandel der Einsatz von Geld. Die Bewertungen und damit die Bonuszahlungen aller Mitarbeiter richten sich heute danach, wie intensiv sie in globalen Teams mitwirken." Dem Artikel nach zu urteilen, ist es dem CEO vor allem Dank einer strukturellen Weichenstellung gelungen, den Mitarbeitern mehr Mut zum eigenen Denken zu vermitteln und somit zum Beispiel im Hinblick auf den Markenwert Innovation markenorientiertes Verhalten erst zu ermöglichen.

Auch bei den schon mehrfach erwähnten Hoteliers von *Ritz-Carlton* sind es strukturelle Maßnahmen, die es den Mitarbeitern ermöglichen, das Markenversprechen einzulösen, indem sie einzigartige, denkwürdige und persönliche Markenerlebnisse für die Gäste kreieren. „Service Value 3" des Hauses heißt wörtlich: „I am empowered to create unique, memorable and personal experiences for our guests." Doch was wären diese schönen Worte ohne konkrete Taten? Den Mitarbeitern von *Ritz-Carlton* ist es erlaubt, bis zu 2000 US$ auszugeben, um Reklamationen eines Gastes erfolgreich zu bearbeiten. So lange es einen vertretbaren Grund gibt, gibt es keine Beschränkung hinsichtlich der Häufigkeit, mit der ein Angestellter von dieser Regelung Gebrauch machen darf.

4.6 Checkliste: Was Sie beim Einsatz der Instrumente beachten müssen

Die folgende Checkliste hilft Ihnen dabei, Stolpersteine beim Einsatz der internen Markenführungsinstrumente zu vermeiden. Haken Sie die einzelnen Punkte der Reihe nach ab, bevor Sie über die Implementierung der in Kapitel 4 aufgezeigten Maßnahmen das Internal Branding beginnen.

	✓
1.	Ihre Markenidentität ist kein unrealistisches Wunschbild, sondern eine Vorstellung davon, wie Dinge tatsächlich sein könnten, wenn alle an einem Strang ziehen.	❑
2.	Ihre Führungsmannschaft versteht, dass Markenführung etwas mit Versprechen geben, aber auch mit Versprechen halten zu tun hat.	❑
3.	Ihre Kommunikationsabteilung denkt nicht nur an CI-Richtlinien und Gestaltungsregeln, sondern versteht auch den Markenkern und die Markenwerte.	❑
4.	Marketing, Personalmanagement und Organisationsentwicklung sind bereit, eng zusammenzuarbeiten.	❑
5.	Sie kennen Ihre internen Zielgruppen und können somit Ihre interne Kommunikation zielgruppenspezifisch ausgestalten, um unterschiedliche Informationsbedürfnisse zu berücksichtigen.	❑
6.	Sie haben sich darüber Gedanken gemacht, welche Kriterien ein Bewerber mitbringen muss, um zur Marke zu passen.	❑
7.	Viele Ihrer Mitarbeiter sind bereits „Markenfans" und können zur markengerechten Sozialisation neuer Kollegen einen Beitrag leisten.	❑
8.	Ihr Unternehmen befindet sich nicht in einer aktuellen Krise, sodass Investitionen in die Marke nicht zynisch beurteilt würden.	❑
9.	Ihre Führungskräfte wissen, was die Markenwerte für ihre Führungsarbeit bedeuten, und sehen die Vorteile einer markenorientierten Unternehmensführung.	❑
10.	Die in Kapitel 4 genannten Instrumente der internen Markenführung sind nicht bereits im Rahmen anderer Initiativen implementiert worden.	❑

Kapitel 5

Ausblick

„Die Zukunft eines Unternehmens hängt von der Zukunft seiner Marken ab."
(Christine Wichert, Beraterin bei Logibrand)

5   Ausblick

Wie wir gezeigt haben, sind Marken Nutzenbündel, die neben funktionalen auch emotionale Bedürfnisse befriedigen. Neben den bisherigen Ausführungen über den Nutzen einer ganzheitlichen Markenführung und insbesondere des Internal Branding für ein Unternehmen soll ein Blick auf verschiedene gesellschaftliche Entwicklungen gerichtet werden, der deutlich macht, dass das Thema Branding keine Modeerscheinung ist.

Neuere gesellschaftliche Tendenzen weisen zum einen auf ein wieder entstehendes Bedürfnis – insbesondere bei der jüngeren Generation – nach Werten hin: Beispielsweise erfahren traditionelle Werte wie „Treue, Sicherheit, Zuverlässigkeit" eine Renaissance. Sie werden als Werte für das eigene Handeln und als Erwartungen an andere formuliert. Zum anderen wird in Umfragen immer wieder festgestellt, dass der Grad der Identifikation der Mitarbeiter mit „ihrem" Unternehmen stetig abnimmt. Eine Studie des renommierten amerikanischen Meinungsforschungsunternehmen *The Gallup Organization*, die viel Aufsehen erregt hat, zeigt zum Beispiel, dass nur 13 Prozent der Arbeitnehmer in Deutschland eine hohe emotionale Bindung zu ihrem Unternehmen haben – und deshalb als besonders produktiv eingeschätzt werden. Dazu gehört auch die Feststellung, dass Mitarbeiter mit hoher emotionaler Bindung an ihr Unternehmen 2,4 Tage weniger pro Jahr fehlen als ihre frustrierten Kollegen.

Für beide Tendenzen lässt sich feststellen, dass der Einsatz eines Internal Branding diesen fruchtbaren Boden für eine Bindung an das Unternehmen nutzen kann. Marke wird als Grundlage für die zunehmende Suche nach Sinn und Orientierung immer wichtiger. Und dies gilt nicht nur für Kunden, sondern vor allem für die Mitarbeiter.

Eine andere wahrnehmbare Strömung entsteht in dem nachhaltigen Trend von Unternehmen, ihren Beitrag zur Corporate Social Responsibility zu leisten. Zu beobachten ist, dass immer mehr Unternehmen auf diesen Zug springen und neben der traditionellen Form des gesellschaftlichen Sponsorings auch andere Möglichkeiten zur Übernahme von „Society Results" nutzen. Ob dies in Form eines Beitrages zum Schutze der Umwelt erfolgt (Schutz des Regenwaldes, Verringerung der Emissionswerte durch den Einsatz von Erdgasfahrzeugen etc.) oder durch Mitarbeiter gewährleistet wird, die beispielsweise durch eine bezahlte Freistellung bei einem Volunteer Projekt der Vereinten Nationen oder einer anderen Non-Profit-Organisation mitarbeiten, ist vielleicht für die Tatsache der Übernahme von gesellschaftlicher Verantwortung nicht entscheidend.

Wichtiger aus meiner Sicht ist die zugrundeliegende Haltung der Unternehmen gegenüber ihren Mitarbeitern, die sich schließlich in der Wahrnehmung von Kunden und potenziellen Kunden, ja letztlich der Öffentlichkeit, niederschlägt. Das Unternehmen bietet den Mitarbeitern durch solche Beteiligungsprojekte mehr als einen Arbeitsplatz mit einem zeitlich befristeten Einkommen. Die Wiedererweckung traditioneller Werte und wachsender CSR-Initiativen verschafft den Mitarbeitern in ihrer Suche nach einer „emotionalen Heimat im Unternehmen" eine weitere Möglichkeit zur Identifikation. Denn diese Mitarbeiter sorgen durch ihren persönlichen Einsatz im Bemühen, „die Welt ein Stück besser zu machen", für eine starke Emotionalisierung im Unternehmen. Damit ist der erste, wichtige Schritt getan, die Markenwerte eines Unternehmens erlebbar zu machen.

Daneben bietet ein weiterer Gesichtspunkts einen interessanten Blick auf das Schaffen eines Arbeitsplatzes mit „emotionalem Mehrwert" durch den Erfolgsfaktor Internal Branding. Dieser Aspekt kursiert in den momentanen Diskussionen um das Stichwort „demografische Entwicklung", das durch zwei Mangelerscheinungen gekennzeichnet wird. Zum einen handelt es sich um den vielfach beschriebenen Mangel an Fachkräften ab 2020 mit der Herausforderung für die Unternehmen, diesen zu managen. Ab diesem Zeitpunkt dürfte nach dem Institut für Arbeitsmarkt- und Berufsforschung in Nürnberg ungefähr jeder dritte potenzielle Erwerbstätige das 50. Lebensjahr überschritten haben, sodass es zunehmend wichtiger wird, die Spezialisten und Fachkräfte an das eigene Unternehmen zu binden. Zum anderen wird seit einiger Zeit auch von einem „War of Talents" berichtet. Dazu gehört es vorrangig, die „High Potentials" für sein Unternehmen zu gewinnen und am besten auch zu halten.

Jenseits von Fast Moving Consumer Goods werden vielfach diejenigen Unternehmen im Wettbewerb die Nase vorn haben, die durch ein zielgerichtetes Internal Branding in Verbindung zu den skizzierten gesellschaftlichen Entwicklungen ihren Mitarbeitern ein „Mehr" zum bloßen Arbeitsplatz bieten. Die Rekrutierung und/oder Bindung der Mitarbeiter an das Unternehmen scheint umso erfolgreicher zu sein, je stärker das Unternehmen seinen Mitarbeitern auch eine emotionale Heimat bietet. Noch einmal sei aus der *Gallup*-Studie zitiert: Drei Viertel der Mitarbeiter mit hoher emotionaler Bindung zum Unternehmen werben per Mundpropaganda für die Produkte und Dienstleistungen ihrer Firma, und 77 Prozent der emotional stark Gebundenen empfehlen ihre Firma als Arbeitgeber weiter.

Unterstrichen wird das Forcieren einer starken Marke als Unterscheidungsmerkmal von den Unternehmen, die eine Steigerung ihres Markenwertes als Kritierium in eine Balanced Score Card oder in ein anderes Zielvereinbarungsmodell mit aufnehmen. Wie in den Thesen 1 und 2 im Kapitel 1 vorgestellt, bedeutet Markenführung – verstanden als Managementphilosophie – nicht nur von Grund auf markenorientiert zu denken, sondern dieses Denken auch als verbindliches Unternehmensziel festzuschreiben, das alle angeht. Wenn es gelingt, die Marke zum Bestandteil der Führungskultur zu machen, schließt sich der Kreis, der die Markenführung wie in These 3 (vgl. wiederum Kapitel 1) als integrativen Prozess beschreibt, in den alle Mitarbeiter eines Unternehmens eingebunden werden müssen. Diese Integration zu leisten ist Aufgabe aller Führungskräfte. Ihre Funktion besteht in diesem Sinne als Botschafter und vielleicht auch als Dolmetscher, um sicherzustellen, dass alle Mitarbeiter wissen, welches Verhalten das Unternehmen von ihnen in ihrer täglichen Arbeit erwartet.

Das Einwirken auf die Einhaltung dieses kodifizierten Verhaltens ist genau wie die Botschafter- und Dolmetscherfunktion eine Führungsaufgabe. Jeden Mitarbeiter für die Marke zu begeistern und zu solch motivierendem Verhalten aufzurufen, ist umso leichter zu leisten (oder muss gar nicht mehr geleistet werden), wenn die Mitarbeiter selbst zum Markenbotschafter geworden sind. Das Internal Branding ist dann erfolgreich, wenn die Marke als kollektives Verhalten eines Unternehmens und damit seiner Mitarbeiter wahrzunehmen ist. Nehmen wir diese Aussage genauer auf: Ein funktionierendes Kollektiv – in diesem Fall ein Unternehmen – basiert auf geteilten Werten und Normen. Diese sind handlungsleitend und -koordinierend und ersetzen sogar Teileelemente von Führung.

Wenn die Markenidentität auf den eigenen Stärken aufbaut und kein „Wolkenkuckucksheim" gebaut wurde, dann leben Mitarbeiter bereits bestimmte Werte und teilen diese auch als Grundlage ihres Handelns und der Zusammenarbeit mit allen Stakeholdern. Der Schritt zur Identifikation der Mitarbeiter mit ihrer Marke und somit ihrem Unternehmen ist klein. „Stolz" zu sein auf das Unternehmen und dessen Leistungen müssen und können nicht von oben verordnet werden. Solche präskriptiven „Regeln" wären auch wirkungslos.

Wichtiger ist an dieser Stelle der beschriebene Veränderungsprozess, der in der Entwicklung vom Mitarbeiter zum Markenbotschafter von den Verantwortlichen zu begleiten ist. Als Beispiel für eine gemeinsame Basis von handlungsleitenden Werten sei in diesem Zusammenhang noch einmal an das Beispiel *EON* erinnert, das in seiner Werbekampagne sehr eindrucksvoll präsentiert, wie trotz einer starken, individuellen Typisierung der Mitarbeiter ein gemeinsames Band, eine Identität zur Marke, besteht. Dies kann auch als Beispiel herangezogen werden für die seit einiger Zeit in Deutschland wahrnehmbaren Initiativen von Unternehmen im Rahmen der Kampagne „Diversity and Inclusion": Ein Plädoyer mit dem Ziel, für mehr Verständnis zu sorgen im Hinblick auf die Unterschiedlichkeit des Lebensalters, der Herkunft, der Zugehörigkeit zu Religionsgemeinschaften oder der Heterogenität von Lebensentwürfen bzw. Lebensweisen. Auch in diesem Sinne kann eine starke Marke diese gewünschte „Inclusion" bieten, eben als Gemeinsamkeit trotz aller akzeptierten Unterschiedlichkeit, welche Mitarbeiter in ihrem Handeln bindet.

Eine weitere Folge aus der Akzeptanz von gemeinsamen Werten und Normen als Grundlage des Handelns und der Zusammenarbeit zeigt sich in einem höheren kooperativen Verhalten der Mitarbeiter im Unternehmen. Der Wille und die Bereitschaft, mit anderen Abteilungen oder Fachbereichen zusammenzuarbeiten, werden deutlich höher geschätzt als bei Unternehmen ohne gemeinsame Orientierung. Das Verhalten der Mitarbeiter orientiert sich stärker an den Unternehmenszielen und setzt diese auch um, wenn eine hohe Identifikation mit dem Unternehmen vorherrscht.

Wenn wir den Veränderungsprozess in der Entwicklung von Mitarbeitern zu Markenbotschaftern betrachten, gilt es vier Ebenen in einer Organisation zu berücksichtigen:

- *Erstens*, die Programmebene: Dies haben wir im Vorgehen bei der Ausarbeitung und Implementierung eines kohärenten und konsistenten Markenführungsprogramm beschrieben.

- *Zweitens*, die Ganzheitlichkeit der Markenführung: Sicherzustellen sind die Kommunikationswege, die nach innen und außen das verabschiedete Programm auf eine breite Basis der Zustimmung führen.

- Auf der *dritten Ebene* wird die Einbeziehung der handelnden Personen fokussiert: CEO – Führungskräfte – Mitarbeiter. Wenn alle handelnden Personen erkennen und spüren, dass ihr Unternehmen mehr ist als ein Arbeitsplatz zur Sicherung der Existenz, kann die vierte und letzte Ebene greifen.

- Die *vierte und letzte Ebene*, die Verankerung der Marke in der Organisationskultur, kann nicht verordnet werden. Sie muss gelebt werden. Dies ist die affektive Ebene, die zeigt, ob die vorherigen Ebenen im Sinne einer ganzheitlichen Markenführung Erfolge zeigen. Erst auf dieser letzten Ebene einer Organisation entsteht Identität, und damit wird auch die Identifikation der Mitarbeiter mit ihrem Unternehmen wahrnehmbar. Und diese wird, wie wir an verschiedenen Stellen dieses Buches gezeigt haben, auch für den Konsumenten, der sich zwischen verschiedenen Anbietern entscheiden muss, deutlich. Erst auf dieser letzten Ebene, der Kultur einer Organisation und damit ihrer Markenidentität, werden die positiven Effekte erzielt, die marktentscheidende Kunden- und Mitarbeiterbindungskraft freisetzen.

Daher wird der Stellenwert einer erfolgreichen Markenführung für Unternehmen, die im Wettbewerb mit anderen auf den vorderen Plätzen stehen wollen, immer wichtiger.

Teil B

Internal Branding:
Wegweisende Projekte aus erfolgreichen
Unternehmen

Kapitel 1

Identität kommt von Taten – Internal Branding bei PRISMA Kreditversicherung

Karin Krobath

1 Einleitung

Unternehmenskultur, Internal Branding, Corporate Behaviour – viele Begriffe für ein und dieselbe Herausforderung: Wie macht man Mitarbeiter zu Markenbotschaftern? Also zu Menschen, die glaubwürdig und mit einer Portion Stolz das Unternehmen nach außen vertreten.

Papierkommunikation alleine reicht dafür nicht. Das wissen alle, die es mit gut gemeinten Hochglanz-Broschüren probiert haben. Es braucht persönliche Erlebnisse, über die man reden kann. Stories, die zusammenschweißen. Die vielleicht sogar einmal zur Legende werden. Und es braucht vor allem glaubwürdige Chefs und Führungskräfte. Das macht die internen Positionierungsprojekte viel schwieriger als die externen. Denn: Mitarbeiter sind kritische Zeitgenossen. Sie beobachten sehr scharf, wie sich die Führungsmannschaft eines Unternehmens oder einer Institution verhält. Jeder Management- oder Führungsfehler tritt in Echtzeit ans Tageslicht. Sofort wird diskutiert und erwogen, ob dieses oder jenes Verhalten nicht im krassen Gegensatz zu dem steht, was Geschäftsführer oder Bereichsleiter von ihren Mitarbeitern verlangen. Interne Positionierungsprojekte brauchen also einerseits den vielzitierten Marketing-Mix und andererseits Führungspersönlichkeiten, die selbst schon Markenbotschafter sind.

Wir stellen unsere Positionierungsarbeit mit PRISMA Kreditversicherung gerne als Case Study vor. Hier lässt sich aus unserer Sicht sehr gut zeigen, wie es gehen kann. PRISMA ist ein herausragendes Beispiel für wertorientierte, nachhaltige Unternehmensführung. Das liegt zum einen an der Handlungsfähigkeit der ManagerInnen, zum anderen aber auch an der relativ autarken Struktur. Das Unternehmen ist zu 51 Prozent Tochter der Österreichischen Kontrollbank und zu 49 Prozent eine Beteiligung von Euler Hermes Hamburg (Weltmarktführer bei Kreditversicherungen). Beide Muttergesellschaften freuen sich über den wirtschaftlichen Erfolg von PRISMA, ohne operativ groß Einfluss zu nehmen.

2 Die Ausgangssituation bei Auftragserteilung

Engagierte Mitarbeiter der Österreichischen Kontrollbank gründen 1989 PRISMA Kreditversicherungs-AG. Sie nutzen vorausblickend die Gunst der Stunde. Denn: Mit Österreichs Beitritt zur EU 1995 wird über Nacht das staatliche Exportgarantiesystem zum privaten Geschäft, das die Kontrollbank selbst nicht mehr betreuen kann.

Seit 1989 belebt PRISMA nun den österreichischen Kreditversicherungs-markt. Bei der Gründung stieg sie in einen von der Österreichischen Kredit-versicherung monopolisierten Markt ein. In nur 18 Jahren hat sie dicht an den Marktführer Coface Austria (damals noch Österreichische Kreditver-sicherungs-AG) aufgeschlossen. Es fehlen noch drei Prozent-Punkte, um auf den ersten Platz zu kommen. Dazu braucht es eine starke Positionierung, eine geschärfte Unternehmenskultur und einen neuen Firmenauftritt. Das Wachs-tumspotenzial für PRISMA liegt bei 30 000 Nicht-Kunden (in Österreich gibt es insgesamt ca. 3500 Versicherungsverträge, jedoch bräuchten aufgrund ihres Geschäftmodells 30 000 Unternehmen eine Kreditversicherung).

Zusätzliche Dynamik erhält das Positionierungsprojekt durch einen bevor-stehenden Umzug von der Peripherie in die Wiener Innenstadt. Die damit verbundene Aufbruchsstimmung kann als Turbo für den internen wie exter-nen Markenprozess genutzt werden.

3 Klare Ziele vor Augen

Für das Positionierungsprojekt wurden gemeinsam mit den Vorständen und der Leiterin der externen Kommunikation Ziele definiert:

- *Eine trennscharfe, branchenadäquate Positionierung finden*, die den Sprung auf den ersten Platz unterstützt.

- *Den Markenkern, die Unternehmenswerte und das Unternehmens-Motto* mit Fakten und Emotionen aufladen.

- *PRISMA Mitarbeiter* zu Markenbotschaftern/Identitätern machen, be-vor die neue Positionierung und das neue Corporate Design veröffent-licht werden.

- *Mit dem Tag des Umzugs* die neue CI auf allen kommunikativen Ebenen konsistent leben.

4 Von der Strategie zur Umsetzung

4.1 Entwicklung des Markenkerns und der Werte

Der erste Schritt – noch bevor irgendeine Maßnahme im Sinne von Inter-nal Branding gesetzt wurde – war die Neudefinition der Marke PRISMA. Das verwendete Markenmodell und das Ergebnis für PRISMA ist kurz gefasst in Abbildung 1 und 2. Das Modell selbst wurde in der Praxis entwickelt. Es ist maximal einfach und sowohl für PR- wie auch für Marketing-Fachleute anschlussfähig. Es resultiert aus unserer tiefen Überzeugung: Je simpler, desto wirkungsvoller. „Markenidentität" – je nach professionellem Hintergrund auch Markenkern oder Corporate Identity (CI) genannt – bezeichnet die größere Perspektive, den Anspruch des Unternehmens oder der Organisation. Es ist mehr als die Summe aus Markenversprechen und Markenpersönlichkeit. Es ist sozusagen die Karotte, die möglichst weit vorne hängt, durchaus erreichbar, aber nur mit Engagement und Energie.

Unter Markenversprechen subsumieren wir, was PR-Leute als Mission und Marketer als Value Proposition definieren. Also: Was tut diese Marke? Wie wird es getan? In welcher Wertewelt, mit welchem Leitbild und wie drücken es die Mitarbeiter und Führungskräfte im täglichen Leben aus (Corporate Behaviour)? Für PRISMA sieht das dann so wie in Abbildung 3 dargestellt aus: Es geht darum, *die* Kreditversicherung in Österreich zu sein. Top in der Qualität und mit klarem Willen zur Marktführung.

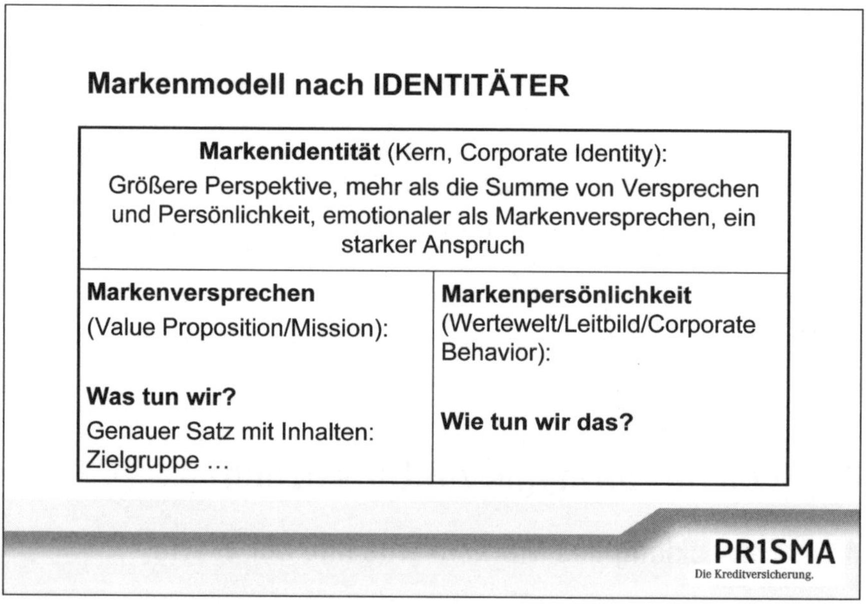

Markenmodell nach IDENTITÄTER

Markenidentität (Kern, Corporate Identity):
Größere Perspektive, mehr als die Summe von Versprechen und Persönlichkeit, emotionaler als Markenversprechen, ein starker Anspruch

| **Markenversprechen** (Value Proposition/Mission): **Was tun wir?** Genauer Satz mit Inhalten: Zielgruppe ... | **Markenpersönlichkeit** (Wertewelt/Leitbild/Corporate Behavior): **Wie tun wir das?** |

PR1SMA
Die Kreditversicherung.

Abbildung 1: Markenmodell nach IDENTITÄTER

Die Definition für PRISMA

Markenidentität	
PRISMA – Die Kreditversicherung	
Markenversprechen	**Markenpersönlichkeit**
Wir leisten mehr, als nur zu zahlen.	Partnerschaftlicher, transparenter, ambitionierter – Näher dran!

PR1SMA
Die Kreditversicherung.

Abbildung 2: Die Definition für PRISMA

Auch wenn man als Herausforderer der nettere und dynamischere Versicherer ist, man wird von den Kunden als Versicherer gesehen – und zwar mit allen Vorurteilen, die Menschen zu dieser Branche aufgebaut haben. „Letztlich zieht dich jede Versicherung über den Tisch. Die haben doch immer das letzte Wort und den längeren Atem." – Um nur einen geläufigen Satz aus dem Volksmund zu zitieren. Strategie war es, diese Vorurteile ernst zu nehmen und genau zu prüfen, mit welchem – für den Kunden – unerwarteten Verhalten wir sie entkräften können. So haben wir quasi den Stier bei seinen „Sprach-Hörnern" gepackt und mit dem Markenwert *transparenter* eine hohe Latte für verständlichen (Rechts-)Text gelegt. Wichtig in diesem Zusammenhang ist: Kreditversicherungen sind keine klassischen Versicherungen, die einfach nur den Schaden decken, wenn er eintritt. Kreditversicherungen betreiben vielmehr aktives Risikomanagement für ihre Kunden. Sie beobachten deren Geschäftspartner und melden sofort jede Verschlechterung der Bonität. Sollte trotzdem etwas passieren, dann zahlen sie den Schaden. Ein wichtiges Ziel war es, dieses doppelte Standbein den eigenen Mitarbeitern bewusst zu machen und es im neuen Markenauftritt zu kommunizieren.

Wir stellen die Positionierung eines Unternehmens gerne als „Markenspitz" dar (vgl. Abbildung 3). Er bringt Motto und Werte auf den Punkt, zeigt aber gleichzeitig im linken Teil, dass es eine breite, inhaltliche Basis geben muss, aus denen heraus die Werte glaubhaft argumentiert werden können. Diese Darstellungsform erzeugt ein gutes Maß an Legitimationsdruck: Welche Aktivitäten sind konkret notwendig, um näher dran zu sein?

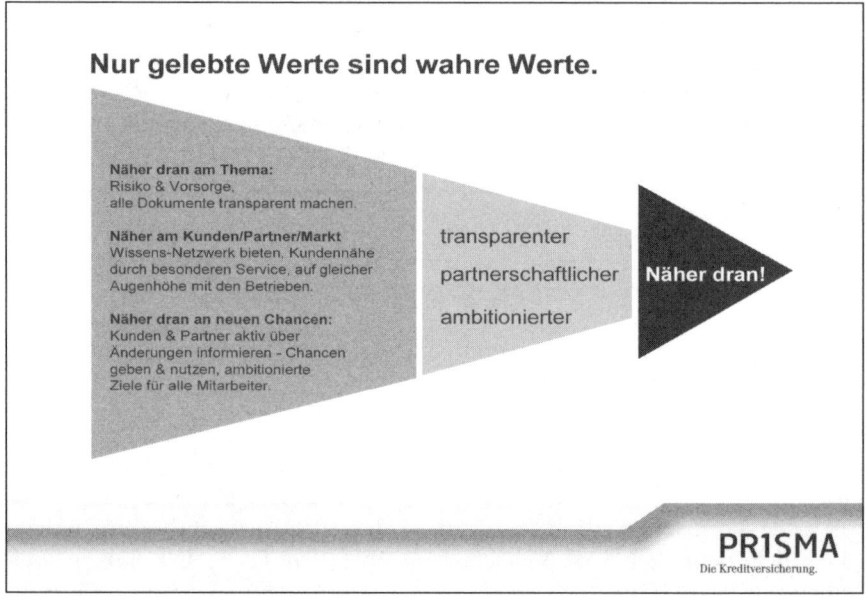

Abbildung 3: PRISMA zugespitzt

4.2   Sympathische Bilder schaffen

Ein wichtiger Schritt in unseren Branding-Prozessen ist die Visualisierung der Markenwerte. Wir gestalteten zunächst kleine Piktogramme, die man einzeln als Emoticons beim Mailen mitschicken kann. Die Werte *partnerschaftlicher, transparenter* und *ambitionierter* sind klare, einfache Bilder, die zeigen, worum es geht. Aus dem neuen PRISMA Haus heraus geben wir den Kunden die Hand. Unseren Anspruch auf Transparenz zeigen wir, indem wir das Haus „sprengen" und von allem „bürokratischen Staub" befreien. Das letzte Zeichen zeigt einen PRISMA Mitarbeiter, der auf dem Haus oben steht und mit Weitblick für seine Kunden zu einem großen Sprung ansetzt.

Zusammengefügt ergeben die drei Piktogramme das Näher-dran-Logo (vgl. Abbildung 4). So konnten Mitarbeiter beispielsweise humorvoll auf einen Mail-Vorschlag antworten: „Na, Herr Kollege, ist das jetzt ambitionierter, was Sie uns da vorschlagen?"

Abbildung 4: Logoumsetzung: Näher dran!

Zudem war mit dem Näher-dran-Logo ein internes Markenzeichen für relevante Maßnahmen der Repositionierung bzw. auch des Umzugs gesetzt.

Aus dieser grafischen Darstellung der Werte entstand die Idee, für den Geschäftsbericht jene Werte auch tatsächlich lebendig werden zu lassen, indem Mitarbeiter genau die drei Haltungen einnehmen und somit persönlich zeigen, was bei PRISMA Sache ist (vgl. Abbildung 5).

Sieben Freiwillige waren schnell gefunden und zu einem professionellen Fotoshooting eingeladen. Wie man sich vorstellen kann, eine sehr lustige und auch anstrengende Angelegenheit. Das Ergebnis hat bewirkt, dass es bei PRISMA nun eine lange Warteliste von Interessierten für kommende Marketingaktionen gibt.

Abbildung 5: Werte dargestellt durch PRISMA Mitarbeiter

4.3 Handeln beginnt bei der Sprache

Versicherungschinesisch a. D. – oder: Mit Wording täglich Werte leben

Die besondere Herausforderung in jedem Positionierungsprozess: Wie bringt man die Werte unternehmensintern zum Leben? Was können Führungskräfte und Mitarbeiter konkret tun, damit Leitbilder nicht nur an der Wand hängen? Eine nahe liegende und gleichzeitig für viele Unternehmen immer noch ungewöhnliche Antwort: Werte drücken sich in gesprochener und geschriebener Sprache aus – und das täglich, in hunderten Briefen, Textbausteinen, Beschwerdeantworten und Telefonaten. In der Wahrnehmung der Kunden gilt: Der Ton macht die Musik. Bei diesen tausenden Kontakten zur „Außenwelt" zeigt ein Unternehmen sein wahres Gesicht. Hier entscheidet es sich, ob man *ambitioniert, partnerschaftlich, transparent* wahrgenommen wird – oder doch eher bürokratisch, höflich, distanziert.

Auszug aus dem PRISMA Handbuch (1)

Alt	Neu
In Bezugnahme auf Ihr heutiges Fax teilen wir Ihnen mit, dass wir der Stundung der bestehenden Forderungen bis 30. 6. 2001 zustimmen.	Danke für Ihr heutiges Fax. Wir sind mit der Forderungstundung bis zum 30.06.2001 einverstanden.
Wir erlauben uns daher, Sie höflich an diesen Umstand zu erinnern, dass … (bei 1. Mahnung)	Bitte denken Sie daran, … oder: In hektischen Zeiten wie diesen kann man leicht etwas vergessen. Deshalb erinnern wir Sie gerne …
Mit diesem Schreiben übermitteln wir Ihnen unsere Provisionsvereinbarung und ersuchen Sie, uns diese firmenmässig gefertigt, mit Unterschrift und Firmenstempel, zu retournieren.	Gerne schicken wir Ihnen hier unsere Provisionsvereinbarung. Bitte schicken sie uns diese unterschrieben und mit Firmenstempel zurück. Vielen Dank!
Anbei erhalten Sie wunschgemäß ..	mit diesem Brief erhalten Sie die gewünschten …
Wir danken für die Übermittlung Ihrer Verkaufs- und Lieferbedingungen.	Vielen Dank, dass Sie uns so rasch Ihre Verkaufs- und Lieferbedingungen geschickt haben.

PR1SMA
Die Kreditversicherung.

Auszug aus dem PRISMA Handbuch (2)

Alt	Neu
Wir weisen darauf hin, dass der ausgewiesene Rückstand, falls Sie diesen nicht umgehend zur Überweisung bringen sollten, demnächst im Exekutionsverfahren eingehoben wird.	Achtung: Bitte überweisen Sie den Betrag unbedingt bis XX, sonst müssen wir ein Exekutionsverfahren einleiten.
Dieses Schreiben stellt kein Präjudiz für die Anerkennung eines allfälligen Versicherungsfalles dar.	Bitte beachten Sie, dass unser Schreiben noch keine endgültige Leistungszusage ist.
Anbietungspflicht Die Anbietungspflicht umfasst alle Forderungen an gegenwärtige und künftige Kunden mit Sitz in den im Versicherungsschein angeführten Ländern, soweit die bestehende oder zu erwartende Gesamtforderung an einen Kunden sich mindestens auf die im Versicherungsschein genannte Summe beläuft (Anbietungsgrenze).	Was bedeutet „Anbietungspflicht"? Die Anbietungspflicht gilt für alle Forderungen an gegenwärtige und künftige Kunden, die folgende Kriterien erfüllen: ■ der Kunde hat seinen Sitz in einem Land, das im Versicherungsschein steht, und ■ die bestehende oder zu erwartende Gesamtforderung des Versicherungsnehmers gegen den Kunden erreicht oder übersteigt die Anbietungsgrenze.

PR1SMA
Die Kreditversicherung.

Abbildung 6: Auszug aus dem PRISMA Handbuch

Versicherungschinesisch ist ein legendärer – und völlig treffsicherer – Begriff. Oder: Welchen Eindruck haben Sie von einem Unternehmen, das Ihnen Folgendes schreibt:

> *Der Käufer und der Lieferant vereinbaren, dass – unbeschadet etwa entgegenstehender Bestimmungen in allgemeine Geschäftsbedingungen oder Geschäftsformulare des Käufers – sämtliche Warenlieferungen des LIEFERANTEN unter Eigentumsvorbehalt des LIEFERANTEN stehen.*
>
> *Oder:*
>
> *Die Weiterveräußerungsermächtigung erlischt, ohne dass es eines ausdrücklichen Widerrufs bedarf, wenn der Käufer die Zahlungen einstellt, ein Ausgleichs- oder ein Konkursverfahren über sein Vermögen eröffnet oder ein Antrag auf Eröffnung des Konkursverfahrens mangels Masse abgewiesen wird.*

Aus dieser Tatsache heraus, haben wir folgende Vision definiert: PRISMA wird *die erste Versicherung, die man versteht.* Vom Geschäftsbrief, über Verträge und Allgemeine Versicherungsbedingungen schreiben PRISMA Mitarbeiter in einer leichtverständlichen Wortwelt. Kurze, prägnante Sätze. Freundlich statt höflich. Jeder Brief ein *partnerschaftlicher* Handschlag, jede Police transparenter und ambitionierter als der Mitbewerb.

Kundenorientierung bei PRISMA

Näher am Kunden

Wir wollen Marktführer werden. 30.000 Neukunden warten darauf, von uns überzeugt zu werden. Also, gehen wir's an: Mit gelebter Kundenorientierung und drei Kernwerten als Leitstern, die uns vom Mitbewerb klar unterscheiden.

Wenn wir solche Aussagen von unseren Kunden oder Partnern hören, dann haben wir es geschafft:

Wir sind partnerschaftlicher.
- „Die Prisma Mitarbeiter sind sehr professionell. Sie hören gut zu und setzen schnell um."
- „Bin ganz erstaunt, wie zuvorkommend ich behandelt wurde. Denen war es ein echtes Anliegen, eine Lösung für mich zu finden."

Wir sind transparenter.
- „Eine echte Wohltat. Die erste Versicherung, die man versteht und bei der man deshalb auch mit gutem Gewissen unterschreibt."
- „Toll, wie klar und verständlich deren Verkaufsunterlagen sind. Da kennt man sich aus und weiß wie der Hase läuft."

Wir sind ambitionierter.
- „Wenn das einer von den Kreditversichern kann, dann nur die Prisma."
- „Die Schadensabwicklung war wirklich überzeugend, in kürzester Zeit hatte ich das Geld auf dem Konto."

Abbildung 7: Kundenorientierung PRISMA neu

Gesagt – getan. In neun Monaten Projektlaufzeit wurde gemeinsam mit einem internen Wording-Team ein Handbuch erstellt, alle Mitarbeiter geschult und Textbausteine in den Datenbanken umprogrammiert. Alltagskorrespondenz und Vertragstext sind nun floskelfrei. Über 100 Mitarbeiter lösen täglich in der Korrespondenz die Unternehmenswerte ein und zeigen ihren Kunden, dass Werthaltung beim Schreiben beginnt (vgl. Abbildung 6).

Kundenorientierung – auch eine Frage der Wortwahl

Kundenorientierung ist heute in aller Munde. Viele Unternehmen gestalten daraus sogar ein Motto und rufen zum „Jahr der Serviceorientierung" auf. Diese Initiativen sind wichtig und legitim, aber die Wortwelt dieser Aufrufe ist inflationär und alles andere als handlungsanweisend. Es fehlt der Bezug zum konkreten nächsten Schritt. Was sollen Mitarbeiter und Mitarbeiterinnen genau tun, wenn sie Sätze wie diese lesen?

> *„Verkaufen" findet überall in unserem Hause statt. Jeder sieht sich als Teil der Wertschöpfungskette zum Kunden und handelt danach.*
>
> *Wir sind Dienstleister und pflegen den Servicegedanken, indem wir Wünsche und Anregungen des Kunden gerne entgegennehmen.*
>
> *Mit Freude arbeiten wir an Lösungen, die das Kundenbedürfnis decken.*

Unser Weg hier: Aussagen von zufriedenen Kunden, die Mitarbeiter tatsächlich hören können, wenn sie *ambitionierter* arbeiten. Also ganz einfache, umgangssprachliche Sätze, die man spontan sagt, wenn man mit einem Service zufrieden ist.

Leitbild schärfen

Aufgrund der vielfältigen sprachlichen Maßnahmen war es natürlich auch notwendig, das bestehende Leitbild zu reformieren. Auch hier ging es darum, die Leitwerte und das Unternehmensmotto kernig umzusetzen, ohne das alte Leitbild – das Ergebnis eines mehrstufigen Prozesses – komplett aus den Augen zu verlieren.

Wir stoßen in der Praxis auf zwei Arten von Leitbildern: Jene, die eine kleine Gruppe im Unternehmen formuliert hat (oft unter direkter Mitwirkung der Geschäftsleitung), und jene, die das Resultat eines unternehmensweiten Prozesses sind. Erstere sind oft Alibi-Leitbilder. Man schreibt sie, weil sich das so gehört und man's für die Homepage braucht. Formulierungen wie diese haben Sie sicher schon oft gelesen (vgl. Abbildung 8).

Das Alibi-Leitbild

1. **Wir sind kundenorientiert.** Bei uns steht der Kunde im Mittelpunkt. All unser Handeln richten wir am Kunden aus. Wir steigern die Wertschöpfung und Flexibilität unserer Kunden durch unsere herausragenden Services zum Wohle aller auf nationaler, transnationaler und internationaler Ebene.

2. **Wir sind innovativ und traditionsbewusst.** Wir sind zukunftsorientiert aus Tradition. Wir stellen uns schon immer den Herausforderungen des Marktes. Jeden Tag lernen wir und entwickeln uns weiter im Bewusstsein unserer Wurzeln und unserer Herkunft.

3. **Wir stehen für Qualität.** Wir bieten bestes Service und höchste Qualität. Kundenwünsche erfüllen wann immer es uns möglich ist und gehen proaktiv auf unsere Kunden zu und mit ihnen um. Qualität ist für uns nicht nur Anspruch, sondern täglich gelebte Realität.

4. **Wir handeln verantwortungsbewusst und ganzheitlich.** Die bereits in den Geschäftsfeldern innewohnende gesellschaftliche Relevanz ist der Kern für unser tief verwurzeltes Verantwortungsgefühl auf nationaler, transnationaler und internationaler Ebene. Wir schätzen selbständiges und verantwortungsvolles Handeln.

5. **Mit unseren Lieferanten, Mitarbeitern und Partnern verbindet uns der Erfolg.** Erfolg ist der Motor für unser innovationsorientiertes Team und unsere langjährigen Partner. Effizienz und Effektivität sind für uns mehr als nur Schlagworte. Sie sind die Erfolgsbasis für die Interaktion aller marktrelevanten Mechanismen und Proponenten.

6. **Wir leben Wertschätzung und achten einander.** Das Miteinander ist uns wichtig. Wir sind offen und achten uns gegenseitig. Positive Beziehungen prägen den Umgang und sind die Basis für unser vertrauensvolles Handeln.

PR1SMA
Die Kreditversicherung.

Abbildung 8: Das Alibi-Leitbild

Charakteristisch für diese Art von Text: Sie können fast jedes beliebige Logo darunter setzten. Dieses Leitbild passt so gut wie immer. Es hat nichts Spezifisches.

Leitbilder, die auf Basis eines unternehmensweiten Prozesses erstellt wurden, sind unserer Erfahrung nach für die Menschen, die dabei waren, durchaus identitätsstiftend und teilweise auch handlungsanweisend. Sie sind nur sprachlich oft der kleinste gemeinsame Nenner aller Bedenkenträger: Man spürt wenig Ambition dahinter. Auf alle Mitarbeiter, die nach dem Leitbildprozess ins Unternehmen kommen, springt der Begeisterungsfunke schwer über. Interessanter Weise „vergessen" viele Organisationen in ihrem Leitbild zu erwähnen, welche Tätigkeit sie überhaupt ausüben, wozu sie überhaupt am Markt sind. So war das auch bei PRISMA.

Das überarbeitete PRISMA Leitbild ist präziser gefasst. Es sagt klar, was man tut und wie man es tun möchte. Alle Formulierungen sind aktiv und handlungsanweisend. Im Zusammenspiel mit allen anderen hier vorgestellten Maßnahmen ist das Leitbild ein wichtiger Baustein für das interne wie auch externe Positionierungsprojekt.

Abbildung 9: Auszug aus dem PRISMA Leitbild alt

Abbildung 10: Auszug aus dem PRISMA Leitbild neu

Von der Strategie zur Umsetzung

Fazit: Leitbilder sollen nicht nur artig, sondern einzigartig sein. Wenn unter Ihr Leitbild wirklich nur ein Logo passt, nämlich das von Ihrem Unternehmen, dann ist es richtig. Aus unserer Sicht kann es sowohl von einer kleinen Gruppe wie auch unternehmensweit erarbeitet sein. Die Frage ist vielmehr, wie sie es schaffen, das Leitbild in den Alltag zu integrieren, wie sie Kommunikation und Prozesse daraufhin ausrichten und den Mitarbeitern konkret zeigen, welchen Beitrag sie leisten können, um es zu verwirklichen.

4.4 Näher dran! Geschichten, die das Leben schreibt...

Nachdem die Kernwerte und die Markenpersönlichkeit „Näher dran" optisch und sprachlich dramatisiert waren, blieb uns noch eines zu tun: Die persönlichen Assoziationen jedes Einzelnen zu wecken. Wir sind davon ausgegangen, dass jeder Mensch irgendwann in seinem Leben schon einmal das Gefühl hatte, einfach näher dran gewesen zu sein. Bestimmt gab es auch die eine oder andere berufliche Geschichte, die lange vor dem offiziellen Motto *Näher dran!* passiert ist. Die Frage für uns war, in welchem Setting und nach welcher Methode Bürokolleginnnen und -kollegen Lust haben, über diese Erlebnisse und Gefühle zu sprechen.

Die Entscheidung fiel schließlich auf eine Großgruppenmethode, die wir kurzerhand in ein Kleingruppen-Setting verlegt haben. Hintergrund dazu: Das Feuer großer Gruppen ist unserer Meinung nach ein unverzichtbares Element für den Erfolg von Change-Prozessen. In der Praxis – und vor allem dann, wenn es für ein Unternehmen nicht ums Überleben oder um einen Mega-Merger geht – sind sie jedoch aus organisatorischen und finanziellen Gründen oft nicht einsetzbar.

Unsere Vorgangsweise – ein Mit-Talk-Essen: Die rund 100 Mitarbeiter und Führungskräfte wurde in Gruppen zu je vier Personen geteilt und in dieser Formation von PRISMA zu einem Mittagessen eingeladen. Davor erhielt jeder einen Fragebogen, der nach den Prinzipien von Appreciative Inquiry (wertschätzendes Interview) aufgebaut war. Bei diesem Mittagessen sollte man sich nun gegenseitig anhand des Fragebogens interviewen und dann am Ende unter den vier Personen einen Gruppensprecher bestimmen. Die Gruppen waren bunt zusammengesetzt. Quer über alle Hierarchien und Bereiche ging es nun um die Frage: „Wo waren wir schon mal näher dran?

Auszüge aus dem NÄHER DRAN Fragebogen

Näher dran!
Reden wir mal darüber, was wir gut können ...

- Bitte interviewen Sie sich anhand des Fragebogens gegenseitig. Führen Sie das Interview von Anfang bis Ende durch, dann wechseln Sie die Rollen.
- Aufgabe des Interviewers ist es, durch Fragen und aktives Zuhören die interviewte Person dabei zu unterstützen, ihre Geschichte zu entfalten. Bitten Sie jeweils einen der beiden anderen Personen am Tisch, das Erzählte in Stichworten mitzuschreiben.

- **Erinnerung an den Anfang**
- Zunächst bitte ich Sie, sich an den Beginn Ihrer Tätigkeit bei der PRISMA zurück zu erinnern:
  - Seit wann sind Sie dabei?
  - Was hat Sie an diesem Beruf angezogen?
  - Was macht Ihnen heute noch Freude daran? Was fasziniert, was inspiriert Sie dabei?

- **Erinnerung an einen Höhepunkt in Ihrem Beruf**
- Sie haben in Ihrer beruflichen Entwicklung vermutlich Höhen und Tiefen erlebt. Dabei gibt es sicherlich auch die eine oder andere Erfahrung, die Sie heute noch als eine besonders herausragende positive Situation sehen, eine Situation, in der Sie sich besonders erfolgreich, lebendig, kreativ oder stolz gefühlt haben. Erzählen Sie mir bitte darüber:
  - Was war das für eine Situation?
  - Worum ging es dabei?
  - Wer war daran beteiligt?
  - Wie ist sie verlaufen?
  - Was macht Sie heute noch stolz auf dieses Erlebnis?

- **Sich selber wertschätzen...**
- Wenn Sie ausgehend von dieser Erfahrung und zugleich mit einem Blick auf Ihre derzeitige Tätigkeit als PRISMA MitarbeiterIn blicken:
  - Was – ohne falsche Bescheidenheit – schätzen Sie an sich und an Ihrer Arbeitsweise am meisten?
  - Was macht Sie erfolgreich?
  - Wie bleiben Sie engagiert und kreativ?
  - Was schätzen andere an Ihnen – Ihre Kunden, Ihre Kollegen?
  - Können Sie sich an eine berufliche Situation erinnern, in der Sie näher dran waren? Wo Sie durch den Vorteil von räumlicher oder zeitlicher Nähe etwas Besonderes leisten konnten? Erzählen Sie mir dazu bitte eine Geschichte.

PR1SMA
Die Kreditversicherung.

Abbildung 11: Auszüge aus dem NÄHER DRAN Fragebogen

Die 25 Gruppensprecher wurden zu einem Workshop geladen, um die besten „Näher dran! Geschichten" zu sammeln. Zehn davon schafften es ins PRISMA Handbuch, einem Booklet, das alle Kulturdokumente des Unternehmens zusammenfasst. Um Ihnen ein Gefühl für diese Geschichten zu geben, haben wir hier zwei ausgewählt. Wichtiger Hinweis: Diese Stories, die das Leben schreibt, sind nicht super spektakulär, aber sie sitzen! Sie vermitteln den Kollegen, die derartige Situationen kennen, das Gefühl, näher dran zu sein. Darum geht es.

Hart aber fair

- Was tun, wenn der Versicherungsnehmer auf Deckung beharrt und die Diskussion immer heftiger wird?

  - Hartnäckiger Versicherungsnehmer will unbedingt liefern und drängt auf Versicherung. Doch die Kreditprüfung ist „Näher dran" und weiß durch die Bank schon von schwacher Bonität. Trotz immer härter werdender Diskussion bleibt die Kreditprüfung bei ihrer Entscheidung!

    Eine Woche später wird Unternehmen insolvent und auch der Versicherungsnehmer ist damit von der Richtigkeit der Entscheidung überzeugt. Er schiebt seinen Stolz beiseite und ruft an, um sich zu bedanken.

Wir sind der Meinung, das ist …
transparenter

PRISMA
Die Kreditversicherung.

PRISMA stellt Experten

- Erfahrener Fachmakler bittet PRISMA als externen Berater zur Gestaltung von Verträgen Lieferant/Kunde.

  - Zuschlag trotz internationalem Wettbewerb durch hohen persönlichen Einsatz + Kompetenz der betroffenen Mitarbeiter (Hand in Hand) > Zuschlag trotz höherem Preis > Ausgesprochene Anerkennung seitens Versicherungsnehmer, Makler + PRISMA > Neuer Referenzkunde

Wir sind der Meinung, das ist …
partnerschaftlicher

PRISMA
Die Kreditversicherung.

Abbildung 12: Zwei Beispiele aus dem Storytelling-Prozess

4.5 Logoday : Das "Coming Out" der PRISMA neu

Während für die Mitarbeiter und Führungskräfte ein Jahr lang nur interne Projekte erlebbar waren, haben Vorstand und Marketing-Team eifrig am neuen externen Auftritt von PRISMA gearbeitet. Völlig neues Logo, neuer Geschäftsauftritt, alle Folder und Info-Blätter im neuen Desing. Mit dem Logo-Day war es dann für alle soweit. Den Mitarbeitern wurde vor allen anderen, also auch vor dem Aufsichtsrat, die neue Linie präsentiert und gleichzeitig als Abschluss für den internen Prozess das PRISMA Handbuch ausgeteilt.

Wichtiges Element an diesem Tag war die Zusammenfassung aller Aktivitäten auf einer Folie (siehe Abbildung 13): Mitarbeiter und Führungskräfte hatten zwar alle internen Maßnahmen aktiv erlebt, trotzdem gab es bei dieser Zusammenschau viele Aha-Erlebnisse. Es wurde schlagartig klar, wie gesamtheitlich und umfassend der Weg zur neuen PRISMA geplant und umgesetzt wurde. Aus unserer Sicht ist es ein sehr wichtiges Prozesselement, den Mitarbeitern auch auf der Metaebene zu zeigen, was passiert ist. Unserer Erfahrung nach schafft dieses Bewusstsein nochmals ein gutes Gefühl, dabei zu sein und sich für sein Unternehmen einzusetzen.

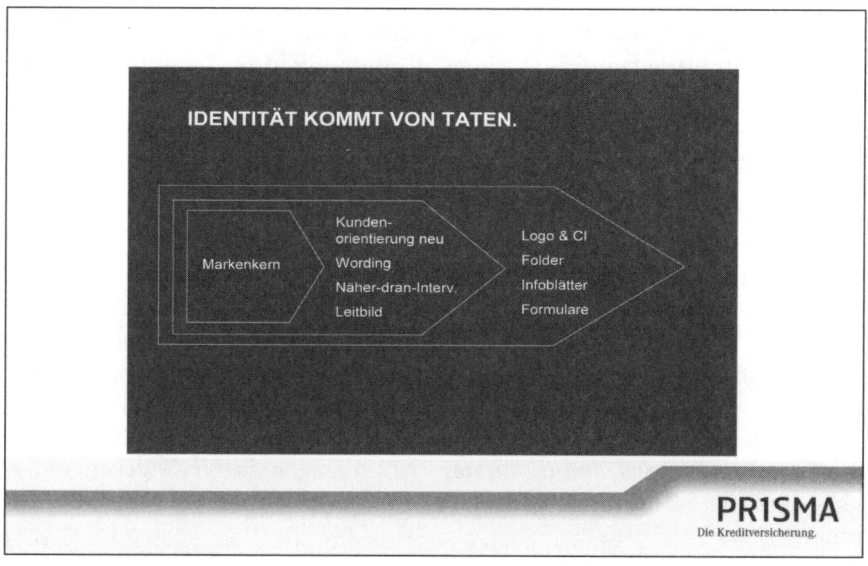

Abbildung 13: Zusammenfassung des CI-Prozesses

5 Keep it running: Werte in die Mitarbeitergespräche einbinden

Eine Positionierung bleibt lebendig, wenn Mitarbeiter ihre Arbeit im Bezug darauf reflektieren. Aus diesem Grund sind Motto, Kernwerte und Leitbild seit Herbst 2006 struktureller Bestandteil der Mitarbeitergespräche. Damit ist garantiert, dass die Leistung jedes einzelnen *partnerschaftlicher, transparenter und ambitionierter* bleibt.

Für uns IDENTITÄTER ist die Vernetzung von Marketing, Kommunikation, Personal- und Organisationsentwicklung ein sehr wichtiges Arbeitsfeld. Unser eigener Leitslogan heißt: *„Menschen schärfen Marken"*. Demzufolge fördern wir bei unseren Kunden, wo immer möglich, die Zusammenarbeit von Corporate Communications, Marketing und Human Resources. Kultur-Themen können unserer Ansicht nach nur sinnvoll in Angriff genommen werden, wenn diese beiden Abteilungen zusammenspielen.

6 Erfolgskontrolle

PRISMA hat ein halbes Jahr nach dem Standortwechsel eine Mitarbeiterbefragung durchgeführt. Dabei wurden viele unterschiedliche Themen wie etwa Arbeitszufriedenheit, Führung, Kommunikation, Identifikation etc. auf den Prüfstand gestellt. Das Ergebnis zeigt im Hinblick auf die Unternehmenswerte, dass diese bei den Mitarbeitern zu 98 Prozent bekannt sind. Zu 78 Prozent identifizieren sich die Menschen bei PRISMA bereits damit.

Die Untersuchung zeigt auch das Phänomen, auf das ich in der Einleitung hingewiesen habe: Mitarbeiter lernen die neuen Werte sehr schnell und wenden sie an. Sie beurteilen ihre Führungskräfte und das Geschehen, die Prozesse, die Projekte innerhalb des Unternehmens danach, ob der Anspruch von *partnerschaftlicher, ambitionierter* und *transparenter* eingelöst wird. Dieser Effekt ist gewünscht – auch wenn er irritieren sollte. Indem Mitarbeiter darüber nachdenken, inwieweit ihr Unternehmen in allen Bereichen zum Beispiel *ambitionierter* ist, erzeugen sie Veränderungsenergie – und die ist der beste Motor für erfolgreiche Unternehmensentwicklung.

7 Worauf es wirklich ankommt

Interne Positionierungsprojekte sind unserer Erfahrung nach dann besonders erfolgreich, wenn ...

- Vorstände und Geschäftsführer Vorbilder für das sind, was sie von ihren Mitarbeitern verlangen – also erste Markenbotschafter im Unternehmen;

- die Zusammenarbeit zwischen Kommunikation, Marketing, Personal und Strategie gut funktioniert und alle an einer gemeinsamen Vision arbeiten;

- Führungskräfte ihr Führungsverhalten auf die Werte des Unternehmens abstimmen;

- persönlicher Kommunikation gegenüber schriftlicher Information der Vortritt gegeben wird;

- Werte erlebbar werden (in gemeinsamen Geschichten, Erlebnissen, Bildern etc.) und in allen Teilprojekten als Basis/Orientierung dienen;

- konsequent über das Jahr verteilt Anker angeboten werden, an denen Führungskräfte und Mitarbeiter ihr Denken und Handeln immer wieder auf die Werte beziehen;

- die Werte-Reflexion Bestandteil der Mitarbeitergespräche ist;

- mit Humor, Esprit, aber auch Augenmaß an die Sache herangegangen wird. Der Arbeitsdruck in den Unternehmen steigt ständig. Positionierungsthemen müssen den Menschen Freiräume im Kopf bringen – nicht eine zusätzliche Belastung aufbürden.

Die Autorin

Dr. Karin Krobath

Dr. Karin Krobath arbeitet seit vielen Jahren an der Nahtstelle von Unternehmenskommunikation und Organisationsentwicklung. Ihre Arbeitsschwerpunkte sind Internal und External Branding, Sprach- & Unternehmenskultur, Veränderungs- & Projektkommunikation. Seit 2004 ist sie Partnerin von wortwelt® (www.wortwelt.at) und IDENTITÄTER® (www.identitaeter.at). Davor Leitungsfunktionen im Finanz-, Bildungs- und Social Profit-Bereich.

Kapitel 2

Markenführung bei TNT –
Ohne die Mitarbeiter läuft nichts!

Thomas Kraus, Jürgen Seifert, Lutz Blankenfeldt

1 Einleitung

Die Fallstudie „Markenführung bei TNT" befasst sich mit den beiden Unternehmen TNT Express und TNT Innight. Obwohl beide zur TNT-Gruppe gehören, waren die Ausgangssituation und die Herausforderungen und somit die Vorgehensweise in den beiden Markenführungsprojekten unterschiedlich.

Das Markenprojekt bei TNT Express begann unter „besseren" internen Voraussetzungen als bei TNT Innight. Die Mitarbeiter hatten schon ein positives Bild von TNT Express, der Internal-Branding-Prozess musste also „nur" Aufmerksamkeit und Begeisterung für die eigene Marke schaffen. Der Fokus lag hierbei auf den Instrumenten der markenorientierten Kommunikation, um die Mitarbeiter zu Markenbotschaftern zu machen.

Bei TNT Innight gab es zwei Herausforderungen: Zum einen musste das Unternehmen nach mehreren Fusionen und Besitzerwechseln in die Markenfamilie TNT integriert werden, und zum anderen wurde die Situation am Arbeitsplatz von vielen Mitarbeitern als unbefriedigend eingeschätzt. Die Stimmung im Unternehmen war von fehlendem Vertrauen in die häufig wechselnden Führungskräfte geprägt. Der Internal-Branding-Prozess musste bei den Mitarbeitern also zuerst Sicherheit und Orientierung vermitteln und damit letztendlich Vertrauen in die Marke geben. Der Fokus lag dabei auf der Implementierung einer markenorientierten Führungskultur, um Vertrauen und letztendlich Begeisterung für die eigene Marke zu entwickeln.

2 Werteorientierte Markenführung bei TNT Express

2.1 Das Unternehmen TNT Express

TNT Express ist ein Tochterunternehmen von TNT N.V., der als übergreifender Konzern mit insgesamt 159 000 Mitarbeitern zu den führenden Post- und Transportunternehmen zählt und sich operativ in die Bereiche Post und Express gliedert. TNT Express ist einer der weltweit führenden Anbieter von Business-to-Business-Expressdienstleistungen. Das Unternehmen liefert über ein Netzwerk von mehr als 1 200 Depots, Hubs und Sortierzentren wöchentlich 4,1 Millionen Pakete, Dokumente und Frachtstücke in über 200 Länder aus. Für den Transport stehen mehr als 23 400 Fahrzeuge und 44 Flugzeuge zur Verfügung. TNT Express verfügt über die ausgedehnteste Infrastruktur für die Expresszustellung auf dem Luft- und Landweg in Europa. TNT Express beschäftigt weltweit über 54 000 Mitarbeiter und ist das erste Unternehmen, das global als „Investor in People" anerkannt wurde. In 2006 belief sich der Umsatz des Unternehmens auf sechs Milliarden Euro. TNT Express erzielte in diesem Zeitraum ein operatives Ergebnis von 580 Millionen Euro, was gegenüber dem Vorjahreszeitraum einer Zuwachsrate von 21,8 Prozent entspricht.

In Deutschland beschäftigt die TNT Express GmbH rund 4 400 Mitarbeiter in 31 Niederlassungen. Täglich sind rund 1 800 Fahrzeuge im Einsatz. 2003 wurde die TNT Express GmbH mit dem Ludwig-Erhard-Preis ausgezeichnet, der höchsten Auszeichnung in der deutschen Wirtschaft für Spitzenleistungen im Rahmen von Business Excellence, 2006 mit dem European Excellence Award (EEA) der European Foundation for Quality Management (EFQM), dem bedeutendsten Wirtschaftspreis Europas.

In Deutschland sind folgende Unternehmen bei der TNT Express operativ tätig:

- TNT Express GmbH
- TNT Mehrwertlogistik GmbH
- TNT akademie GmbH
- TNT Innight GmbH & Co. KG

2.2 Ausgangssituation und Zielsetzung

Die TNT Express GmbH war und ist im Bereich zeitsensibler Transporte zwischen Unternehmen (B2B-Expresssendungen) europaweit in einer Spitzenposition. Mit Beginn des neuen Jahrtausends sah sich das Unternehmen aber auf dem deutschen Markt einen zunehmenden Wettbewerbsdruck ausgesetzt, der sich in aggressiven Marketingkampagnen, hohen Werbebudgets und einem angeheizten Preiskampf ausdrückte. Das Management musste um die Positionierung von TNT als Markt- und Qualitätsführer im B2B-Segment fürchten. Im September 2003 sahen sich die Verantwortlichen in ihrer Einschätzung bestätigt: Nach einer internationalen Marktforschungsstudie bewerteten die Kunden die Leistungsfähigkeit von TNT und den drei größten internationalen Wettbewerbern als nahezu austauschbar.

Für TNT war dieses Ergebnis unerwartet. War man bisher davon ausgegangen, dass sich das Unternehmen durch die überlegene Qualität seiner Dienstleistung differenzieren und damit auch preisliche Gestaltungsspielräume freihalten konnte, offenbarte die Studie Handlungsbedarf. So gehörte beispielsweise eine Verbesserung der Geschäftsprozesse im Hinblick auf den Kunden zu den ersten Maßnahmen.

Einen weiteren Ansatz sah die Geschäftsführung darin, sich intensiver mit der eigenen Marke zu beschäftigen und ihre Potenziale besser als bisher zu nutzen. Die Profilierung über eine starke Marke wurde für TNT somit zum zentralen Erfolgsfaktor. Konkret sollte die Marke TNT

- Kunden und Mitarbeiter nicht nur rational durch Leistung überzeugen, sondern durch Gefühle wie Vertrauen, Begeisterung oder Stolz auch emotional ansprechen;

- das Unternehmen TNT deutlich vom Wettbewerb differenzieren und eine unverwechselbare und positive Position in den Köpfen der Zielgruppe einnehmen;

- mittelfristig die Loyalität der Kunden erhöhen und Neukunden gewinnen;

- die Kategorie „Express" in der Wahrnehmung der Stakeholder dominieren;

- das Unternehmen auf seine Stärken fokussieren und Energien bündeln;

- Selbstbewusstsein und Stolz der Mitarbeiter stärken und das Unternehmen zu einem der attraktivsten Arbeitgeber seiner Branche machen;

- die Unternehmenskultur im Sinne der Mitarbeiter, Kunden und anderer Stakeholder nachhaltig und in positiver Weise prägen und

- Preisspielräume eröffnen und somit letztendlich die Rentabilität des Unternehmens steigern.

2.3 Das Projekt „Werteorientierte Markenführung bei TNT"

Die besondere Herausforderung bestand darin, Ansätze für eine entsprechende Markenbildung zu finden. Dem Management war klar, dass Markenführung für ein Dienstleistungsunternehmen anders funktioniert als für einen Hersteller von Konsumgütern. Die Produkte eines Express-Dienstleisters sind nicht, wie etwa Automobile, direkt erfahrbar. Anders als in der Modebranche oder etwa bei Uhren, stehen sie nicht für Status oder Abgrenzung. Auch repräsentieren sie kein besonderes Lebensgefühl, wie dies etwa bei der Marke Harley-Davidson der Fall ist.

In der Diskussion um mögliche Differenzierungsmerkmale, an die die Markenbildung anknüpfen konnte, wurde schnell klar: Es funktioniert nur über die Mitarbeiter. Nur wenn es gelingen sollte, die Mitarbeiter für die TNT-Markenwerte zu begeistern und sie zu Trägern der Marke zu machen, würde man es schaffen, diese Marke auch extern zu beleben. Dafür mussten aber die wesentlichen Werte der Marke TNT zunächst identifiziert werden. Es wurde schnell deutlich, dass es nicht ausreichen würde, eine interne Werbekampagne für TNT aufzusetzen und Plakate an Bürowände zu hängen.

In einem ersten Schritt sollte zunächst ermittelt werden, wie die Marke TNT aus der internen und externen Perspektive überhaupt wahrgenommen wird. Denn nur wer weiß, wofür seine Marke bei den Zielgruppen steht, kann in einem zweiten Schritt – und dann unter breiter Beteiligung der Mitarbeiter – definieren, wofür sie stehen soll (vgl. Abbildung 1).

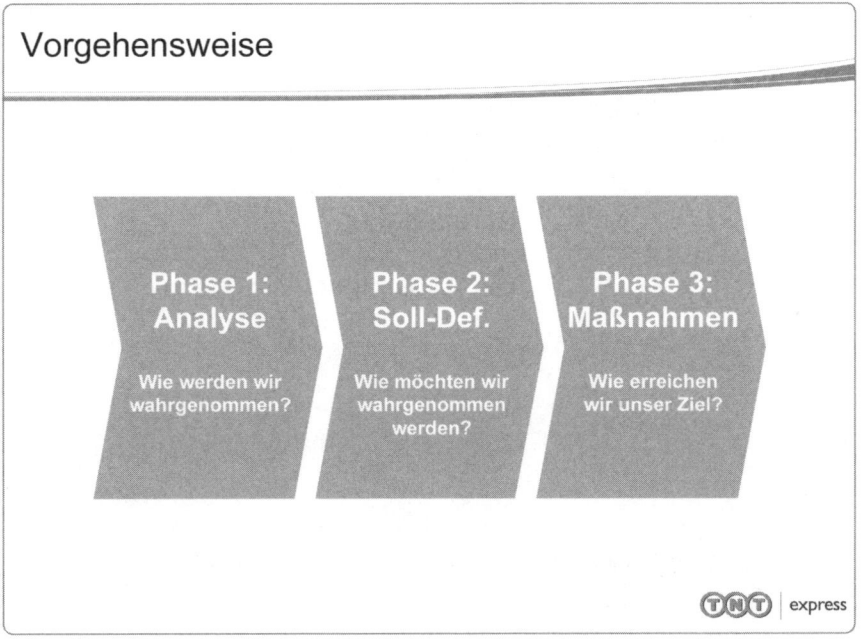

Abbildung 1: Die drei Projektphasen

Von Oktober bis November 2003 wurde die Wahrnehmung der Marke TNT bei unterschiedlichen Zielgruppen erhoben. Hierzu wurden über 1 300 Telefoninterviews mit den Stakeholder-Gruppen, Kunden und potenziellen Kunden, Mitarbeitern und Auszubildenden, Unternehmern und Fahrern geführt. Außerdem wurden ausgewählte Führungskräfte des Express-Dienstleisters in persönlichen Analysegesprächen befragt.

Das Ergebnis: Die Wahrnehmung der Marke TNT war zwar durchaus positiv, jedoch stark geprägt von branchentypischen Eigenschaften wie „schnell" oder „zuverlässig". Für die Mitarbeiter waren der besondere, nicht mit Worten beschreibbare „TNT-Spirit" sowie die eigene, hohe Kundenorientierung prägend für die Marke.

Aus den Ergebnissen der repräsentativen Befragung wurde anschließend die Ist-Identität der Marke TNT abgeleitet, die sich in den TNT-Markenkern und die TNT-Markenwerte unterteilen lässt (vgl. Abbildung 2).

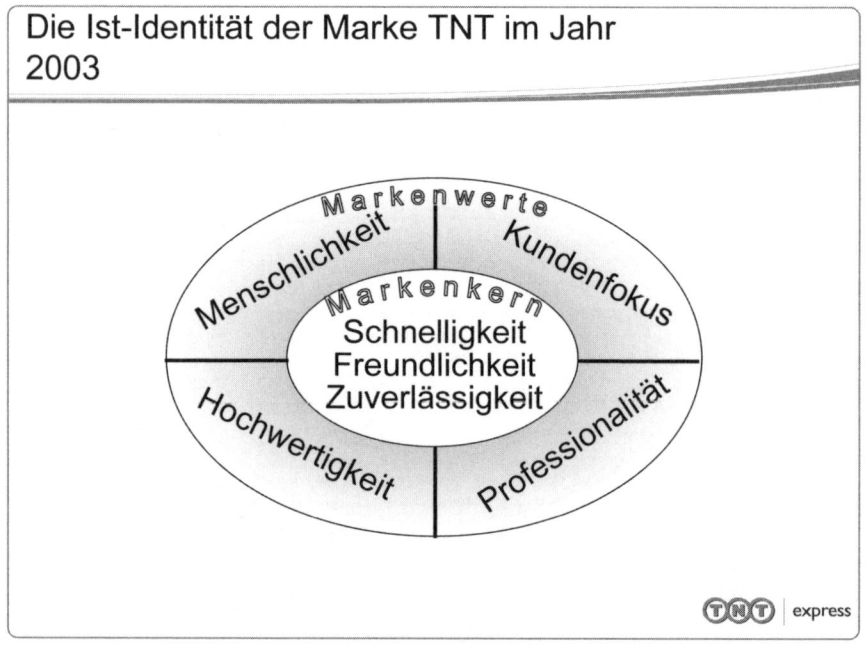

Abbildung 2: Die Ist-Markenidentität von TNT Express im Jahr 2003

In der zweiten Projektphase wurden die Resultate der Analyse mit dem Senior Management des Unternehmens in so genannten „Brand Identity

Workshops" diskutiert und Ziele für die Marke TNT erarbeitet. Gemeinsam mit den Diskussionsteilnehmern wurde eine Soll-Identität erarbeitet, wobei Kontrollgruppen, bestehend aus Auszubildenden des Unternehmens sowie aus Vertretern fremder Unternehmen, in ihren Workshops sicherstellen sollten, dass die auf der Führungsebene erarbeiteten Zielsetzungen tatsächlich für das Tagesgeschäft Relevanz besaßen.

In diesen Brand Identity Workshops wurden unter anderem folgende Fragen diskutiert:

▓ Bildet die in der Diskussion stehende Markenidentität eine geeignete Grundlage, um TNT in Zukunft stärker vom Wettbewerb zu differenzieren?

▓ Schaffen wir es durch die „neue" Markenidentität, die Marke TNT mit mehr Emotionalität aufzuladen?

▓ Können wir durch das konsequente Leben der genannten Werte unsere Kunden begeistern? Wie kann die Marke TNT ihre Kunden noch stärker begeistern?

▓ Besitzen die genannten Werte Anziehungskraft für die besten Mitarbeiter?

▓ Welches innere Bild sollen Kunden und Mitarbeiter vor Augen haben, wenn sie an TNT denken?

Die Ergebnisse wurden auf einer Führungskräfte-Tagung vorgestellt und in mehreren Workshop-Runden diskutiert. Dort wurde auch eine finale Soll-Identität der Marke TNT verabschiedet. Diese neue Markenidentität stellte weniger eine Revolution als vielmehr eine Evolution der bisherigen Markenwahrnehmung dar.

Am Ende dieser Prozessphase war man sich sicher, dass man eine Soll-Identität der Marke entwickelt hatte, die aufgrund ihres hohen Detaillierungsgrades eine breite Akzeptanz auf allen Hierarchiestufen erlangen würde.

Diese Markenidentität (vgl. Abbildung 3) setzt sich im TNT-Markenmodell aus dem Markenkern, den Markenwerten und den Konkretisierungen zusammen.

Der **Markenkern** steht für die unbewusste Seite der Markenidentität und offenbart den zentralen, psychologischen Kundennutzen, den TNT verkörpern will. Dieser zentrale Kundennutzen ist von fundamentaler Bedeutung, um die Marke TNT zu steuern, denn er steht für den tieferen Beweggrund, warum sich Kunden immer wieder für das Unternehmen TNT entscheiden.

Die Soll-Identität einer Marke: Modell

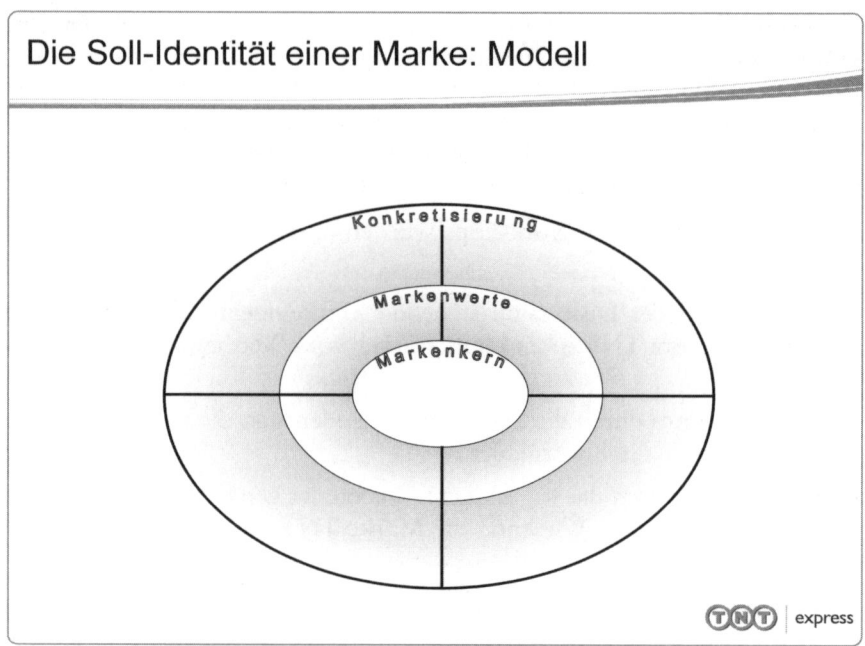

Abbildung 3: Das TNT-Markenmodell

Der **Markenkern** beschreibt, wie das Unternehmen intern und extern wahrgenommen werden möchte. „Vertrauenswürdig" und „wertschöpfend" waren etwa Attribute, mit denen Kunden, Mitarbeiter und andere Interessengruppen TNT in Verbindung bringen sollen.

- *Vertrauenswürdig* bedeutet in diesem Zusammenhang, das Versprechen zu halten, der schnellste und zuverlässigste Expressdienstleister zu sein. TNT will als das schnellste Unternehmen unter allen Express-Dienstleistern gelten und damit die Kategorie „Express" in der Wahrnehmung aller Stakeholder exklusiv belegen. Wobei Schnelligkeit sich nicht nur auf den Transport an sich beziehen soll, sondern an allen Kontaktpunkten gelebt werden soll.

- Als *wertschöpfend* will sich TNT von anderen Anbietern differenzieren, indem es als Unternehmen wahrgenommen wird, das für seine Kunden nachhaltige Werte, etwa im Sinne der Kundenzufriedenheit, schafft: Kunden von TNT-Kunden sollen mit der Waren und Dokumentenlieferung besonders zufrieden sein. Aber auch nach innen sollte das Attribut „wertschöpfend" wirken, durch die Schaffung von Arbeitsplätzen und

Markenführung bei TNT – Ohne die Mitarbeiter läuft nichts!

die Unterstützung der Mitarbeiter bei ihrer eigenen persönlichen Entwicklung.

■ *Farblich* sollen diese Werte mit der Konzernfarbe Orange repräsentiert werden. Sie soll den Express-Dienstleister unverwechselbar machen und eine positive Ausstrahlung transportieren. Dies soll insbesondere im Hinblick auf den Auftritt der Wettbewerber ein weiteres Differenzierungsmerkmal darstellen.

Eng mit dem Markenkern verknüpft sind die Werte, die dazu beitragen, die im Kern verankerten Eigenschaften zu erreichen. Die **Markenwerte** stehen für die bewusste Seite der Markenidentität, die für die Zielgruppen wahrnehmbar sind. Diese Werte bilden den Markenkern nach außen ab und beschreiben somit die Art und Weise, wie bei TNT gearbeitet wird. Sie sind die grundlegenden Überzeugungen, nach denen das gesamte Handeln und alle Managementprozesse ausgerichtet werden sollen.

In den „Brand Identity Workshops", die im ersten Quartal 2004 stattfanden, kamen Führungskräfte und Auszubildende gemeinsam zu dem Ergebnis, dass TNT unter anderem für „Präsenz" und „Dynamik" stehen soll. „Präsenz" bedeutet für den Express-Dienstleister, nahe am Kunden zu sein. Denn im Fokus stehen nicht nur Groß-, sondern auch kleine und mittlere Kunden. Denn wie ein Branchen-Benchmarking ermittelte, vernachlässigte das Gros der Expressdienstleister die kleinen und mittleren Geschäftskunden, was TNT somit eine weitere Differenzierung vom Wettbewerb einbrachte. „Dynamik" drückt sich darin aus, dass TNT nicht nur ein schnelles, sondern auch ein zukunftorientiertes Unternehmen ist, das mit Innovationen mutig neue Wege beschreitet.

Im dritten Schritt des Markenführungsprojektes ging es im Frühjahr/Sommer 2004 um die Frage, wie diese Werte mit Leben gefüllt und in das Tagesgeschäft integriert werden können. Diesbezüglich war den Projektverantwortlichen von Anfang an klar, dass die Mitarbeiter von TNT um Unterstützung gebeten werden mussten. Denn wer kennt das Unternehmen besser als diejenigen, die Tag für Tag mit ihrer Fähigkeit und Begeisterung für TNT einstehen?

In einigen Niederlassungen und zentralen Abteilungen wurden insgesamt 27 sogenannter „Brand Value Conferences" durchgeführt, an denen fast 300 Mitarbeiter aller Hierarchieebenen und Funktionen teilnahmen, unter anderem Niederlassungsleiter, Teamleiter, Vertriebs- und Kundendienst-Mitarbeiter, Mitarbeiter aus den Serviceabteilungen, aus Operations und aus der Halle, Auszubildende, Fahrer und Frachtführer. In diesen Workshops wurden die Teilnehmer gefragt, was das Unternehmen konkret tun sollte, um die Markenwerte glaubhaft zu leben und in der Organisation zu verankern. Darüber hinaus ging es darum, die Markenwerte für die einzelnen Abteilungen zu konkretisieren. Die zentrale Fragestellung lautete: Welche meiner Tätigkeiten beeinflusst in welcher Form die Marke TNT? Was kann ich konkret an meinem Arbeitsplatz tun, um die festgelegten Markenwerte gegenüber den Kunden erlebbar zu machen?

Beispielhaft wurden Fragestellungen diskutiert wie:

- Sind computergesteuerte Sprachsysteme im Kundenservice geeignete Instrumente, um den Markenwert „Präsenz" zu stärken?
- Wie muss das Rechnungswesen seine Arbeitsweise bei der Fakturierung verändern, wenn TNT als „dynamisch" gelten möchte?

Die Ergebnisse der Diskussion wurden aufgenommen und später – gemeinsam mit den gesamten Projektergebnissen – in einem Markenhandbuch niedergeschrieben. Das Markenhandbuch nimmt bei TNT einen besonderen Stellenwert ein, da es den Führungskräften die wichtigsten Regeln zur Marke TNT aufzeigt und ihnen vermittelt, welches Image bei Kunden, Mitarbeitern und sonstigen Stakeholdern aufgebaut werden soll. Dieses zentrale Regelwerk gibt eine wertvolle Hilfestellung, um sowohl strategische Entscheidungen als auch operative Handlungen im Tagesgeschäft so auszurichten, dass sie die Marke nachhaltig stärken. Es dient weiterhin als Bezugsrahmen für die Führungskräfte, um Strukturen, Prozesse, Organisationen, Verhaltensweisen und letztlich auch Arbeitsergebnisse hinsichtlich ihrer Stimmigkeit im Hinblick auf die Marke zu überprüfen und anzupassen.

In den „Brand Value Conferences" wurden weiterhin Projekte und Sofortmaßnahmen erarbeitet, um eine mögliche Lücke zwischen Anspruch und Realität der Marke zu schließen. Hierzu war es nötig, alle unternehmensinternen Vorgänge, wie Strukturen, Prozesse, Verhaltensweisen etc., genauestens zu untersuchen und sich zu fragen, ob diese Vorgänge dazu beitragen, die Marke TNT im Sinne der definierten Soll-Werte nachhaltig zu stärken und wenn nicht, welche Alternativen zur Verfügung stehen.

Aus der Diskussion in den Brand Value Conferences entstanden insgesamt 237 Vorschläge, die in den Augen der Teilnehmer vom Ist zum Soll führten. Diese Vorschläge wurden durch das neu geschaffene „Brand Value Board" gesichtet und bewertet. Das Board setzte sich zusammen aus dem CEO, dem Geschäftsführer Marketing, Sales & Customer Service sowie dem Leiter der Unternehmenskommunikation. Die Vorschläge wurden zu 18 Projekten und 24 Sofortmaßnahmen verdichtet, wobei Sofortmaßnahmen ohne größere organisatorische Veränderung kurzfristig durchführbar waren, Projekte allerdings aufgrund der Komplexität einer eigenen Projektorganisation bedurften.

Einige Vorschläge betrafen zum Beispiel die telefonische Warteschleife, die stets aktuelle Musik spielen sollte, um als dynamisch und kundennah zu gelten. Ein anderer Vorschlag betraf die Kommunikation: Wenn TNT präsent sein wollte, müsste das Unternehmen verstärkt in den Medien platziert werden, sei es durch Werbung, Fachartikel oder aktuelle Meldungen. Zwei weitere, breit vertretene Meinungen waren: Um innovativ zu sein, sollten die EDV-Systeme überarbeitet und die Ausstattung an den Arbeitsplätzen optimiert werden. Und generell sollte die Farbe Orange auf allen Werbematerialien, Gebäuden und Firmenfahrzeugen konsequenter eingesetzt werden.

Die als sinnvoll erachteten Projektvorschläge wurden gebündelt und Projektgruppen aus der Mitarbeiterschaft zugewiesen. Ein „Program Management" sorgte für die entsprechende Verzahnung zwischen den einzelnen Projektgruppen. Mit der Umsetzung der Projekte wurde im Sommer 2004 begonnen, ein Prozess, der bis zum Ende des Jahres und zum Teil auch weit darüber hinaus andauerte. Darüber hinaus wurde ein Seminar „Werteorientierte Markenführung bei TNT" für die hauseigene Akademie entwickelt, welches vor allem neue Mitarbeiter besuchen sollten. Teile des Seminars wurden zum festen Bestandteil der Managementausbildung im Unternehmen.

Insgesamt wurde während des gesamten Markenprozesses darauf Wert gelegt, das Thema „Werteorientierte Markenführung bei TNT" ständig im Unternehmen zu kommunizieren. Dies erfolgte durch Präsentationen der Führungskräfte, durch Vorführung eines eigens entwickelten Markenfilms, durch die Teilnahme an den Markenworkshops und durch entsprechende Beiträge in der Mitarbeiterzeitschrift. Hier wurde auch eine feste Rubrik „Unsere Marke" geschaffen, in der im Namen des CEOs regelmäßig über die Marke berichtet wird.

2.4 Interne Markenkampagne

Im Jahr 2005 wurde eine externe Markenkampagne von TNT aufgesetzt, die bewusst auf die Entscheider in der Wirtschaft zugeschnitten war und das Ziel verfolgte, die gemeinsame Dachmarke TNT bekannter zu machen und den Anspruch des Unternehmens zu unterstreichen, alles für den Erfolg seines Kunden zu tun.

Dabei wurde die Kampagne ganz bewusst von innen gestartet. Vor dem eigentlichen Start der Markenkampagne wurde eine interne Kommunikationskampagne durchgeführt, die sich stringent an den definierten Markenwerten orientierte, ohne diese in den Vordergrund zu stellen. Das Markenprojekt, seine Zielsetzungen und seine Ergebnisse waren den Mitarbeitern ohnehin durch die kontinuierliche Kommunikation des Projektstandes bekannt. Doch nun sollte die Marke TNT den Mitarbeitern näher gebracht werden, ohne dabei schulmeisterlich zu wirken. So tauchten in den TNT-Gebäuden verschiedenste „geklebte" Tape-Botschaften auf, die einen Spannungsbogen aufbauen und eine starke Aufmerksamkeit für die Marke erzeugen sollten. Die Hintergründe und Aktivitäten dieser internen Kampagne waren nur dem Management bekannt.

Diese aufgeklebten Paketbänder im TNT-Design enthielten markenspezifische Botschaften, wie „Small doesn't mean unimportant". Im Sinne des Markenwertes „Präsenz" sollte damit vermittelt werden: TNT kümmert

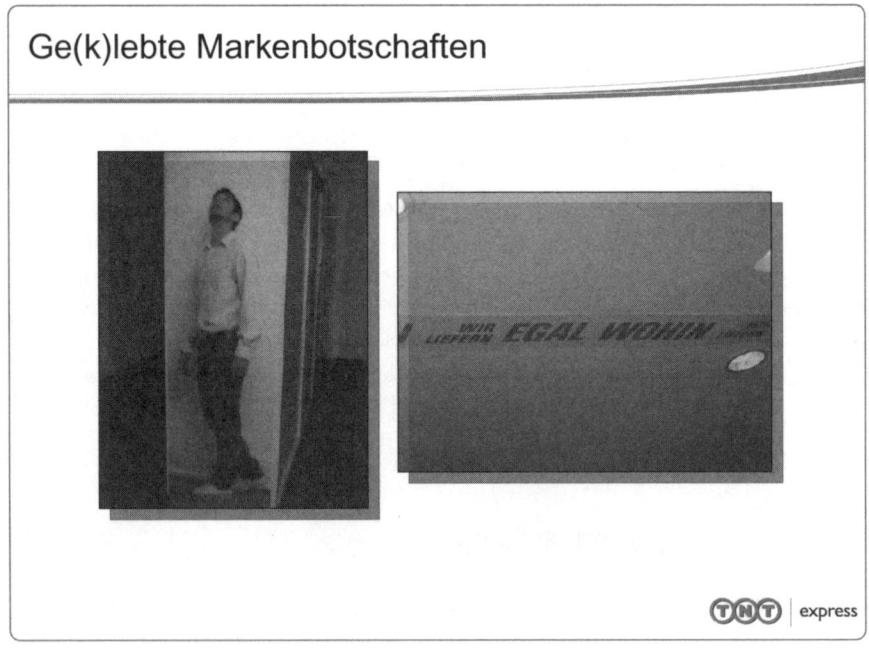

Abbildung 4: Geklebte Markenbotschaften

sich auch um die kleinen Kunden. Der Slogan „Wir liefern, egal wohin" machte deutlich, dass man den Kunden die Zustellung jeder Sendung unabhängig vom Zielort ermöglicht und sich damit deutlich vom Wettbewerb hervorhebt (vgl. Abbildung 4).

Mit dem Beginn der deutschlandweiten externen Kampagne wurde das Rätsel um die „mysteriösen" Aufkleber bei TNT aufgelöst. Alle 4 400 deutschen TNT-Mitarbeiter erhielten ein persönliches Paket, das Aufklärung über Inhalt und Sinn der Kampagne leistete. Das Paket enthielt eine Informationsbroschüre, in der die Hintergründe erklärt und die Mitarbeiter zum Mitmachen eingeladen wurden, aber auch Kleberollen mit sechs unterschiedlichen Slogans.

Die externe Markenkampagne fügte sich nahtlos in die interne Kampagne ein. Mit ihr sollte Aufmerksamkeit erzeugt und das Markenimage gestärkt werden. Dazu wurden Printanzeigen in Magazinen, Zeitungen und branchenspezifischen Fachzeitschriften platziert und Plakatwerbung betrieben (vgl. Abbildung 5).

Abbildung 5: Externe Markenkampagne von TNT

Begleitet wurden diese Werbemaßnahmen durch Onlinemarketing-Aktivitäten und Direct Mailings.

2.5 Projektergebnisse

Was ist nun bei all dem herausgekommen? Was hat das über mehrere Jahre angelegte Projekt dem Unternehmen gebracht? Hat die Marke in einem Prozess, der entgegen der häufig anzutreffenden Vorgehensweise nicht auf externe Kräfte, sondern auf den Mitarbeiter als Markenbotschafter setzte, tatsächlich gewonnen?

Zunächst einmal zeigen die Ergebnisse der kontinuierlich durchgeführten Mitarbeiterbefragung, dass sich die Mitarbeiter „ihrem Unternehmen" enger verbunden fühlten als jemals zuvor. Und die Anfang 2006 durchgeführte Markenstatusanalyse belegt, dass der Wert der Marke TNT seit der letzten Messung im Jahr 2003 signifikant gestiegen ist.

Dass TNT tatsächlich ein präsentes, hoch kundenorientiertes Unternehmen ist, zeigt außerdem die in 2006 errungene Auszeichnung des *Handelsblatts* in Kooperation mit der *Universität St. Gallen* und der Unternehmensberatung *Steria Mummert Consulting*: TNT ist zum kundenorientiertesten Dienstleister Deutschlands gewählt worden. Ein Verdienst, der im Unternehmen neben Dienstleistungsqualität und Stakeholderorientierung auch der Markenführung zugerechnet wird.

Zudem hat TNT in diesem Jahr beim *Deutschen Preis für Wirtschaftskommunikation* in den Kategorien „Beste Markenkommunikation" und „Beste Markenführung" den Einzug ins Finale geschafft und befindet sich damit neben Marken wie *E.ON Ruhrgas, Deutsche Telekom, ZDF* und *Thyssen Krupp* in guter Gesellschaft.

Und auch in der eigenen TNT-Welt kann die deutsche TNT Express beeindruckende Erfolge aufweisen. So ist die TNT Express Deutschland in Bezug auf Mitarbeiterzufriedenheit und -engagement die führende Geschäftseinheit im TNT-Konzern und gilt als „Best Practise"-Beispiel. Ebenso verhält es sich mit der Kundenzufriedenheit und -loyalität.

3 Der Markenbildungsprozess bei TNT Innight

3.1 Das Unternehmen TNT Innight

Die TNT Innight GmbH ist deutscher Marktführer im Bereich der nationalen und internationalen Nachtexpressdienstleistungen im B2B-Geschäft und ist das Nachtexpress-Netzwerk von TNT für zeitkritische Zustellungen in der Nacht. Die Sendungen werden am späten Nachmittag abgeholt und noch in der gleichen Nacht an individuell vereinbarte Abstellplätze geliefert. Sie stehen somit sofort am frühen Morgen für die weitere Nutzung zur Verfügung. Daneben werden noch zahlreiche Zusatzdienste und serviceorientierte Branchenlösungen angeboten, wie die Zustellung in einen Nachtsafe oder die Ersatzteillieferung am Wochenende.

Die TNT Innight beschäftigt in Deutschland etwa 1000 Mitarbeiter und verfügt über ein flächendeckendes Distributionsnetzwerk mit 23 Niederlassungen deutschlandweit. Täglich sind rund 1600 Fahrzeuge im Einsatz, mit denen jede Nacht ca. 110 000 Pakete zugestellt werden. Durch ein europäisches Netzwerk mit den Länderorganisationen Deutschland, Österreich, Benelux, Dänemark, Schweiz, Ungarn, Slowakei und Tschechien können insgesamt 23 europäische Länder noch in der gleichen Nacht beliefert werden.

3.2 Ausgangssituation, Zielsetzung und Markenstatusanalyse

Ende 2005 wurde von TNT die neue Konzernstrategie verkündet, die einen Ausstieg aus dem Logistikgeschäft plante und die verstärkte Fokussierung auf Netzwerke vorsah. Konsequenz: Die TNT Logistics, die im Bereich Kontraktlogistik tätig ist, sollte verkauft werden. Die TNT Innight, die zu diesem Zeitpunkt organisatorisch der TNT Logistics zugeordnet war, sollte aber unbedingt behalten werden, da sie ein Spezialist im Managen und Betreiben von Transportnetzwerken war. Insofern war sie eine perfekte Ergänzung für das Express-Netzwerk und damit ideal geeignet, das Kerngeschäft weiter zu stärken.

Das Ziel von TNT war es, den Nachtexpress zu stärken und TNT Innight zu einer Premiummarke zu machen und sich damit ganz deutlich vom Wettbewerb zu differenzieren. Dazu sollte die TNT Innight auch der Geschäftseinheit TNT Express Deutschland organisatorisch zugeordnet werden.

Um TNT Innight zu einer Premiummarke zu machen, wurde eine ähnliche Vorgehensweise der Markenbildung gewählt wie bei TNT Express. Die Gründe hierfür waren nahe liegend: Zum einen hatte man gute Erfahrungen mit dieser Vorgehensweise gesammelt und konnte auf diesen Erfahrungen aufbauen. Zum anderen würde die gleiche Methodik der Markenstatusanalyse es erlauben, die TNT Express heute als Marken-Benchmark einzusetzen und zukünftig beide Unternehmen unter Marken-Gesichtspunkten miteinander vergleichbar zu machen.

Folglich wurde in einem ersten Schritt ermittelt, wie die Marke TNT Innight intern und extern überhaupt wahrgenommen wurde. Von März bis April 2006 wurden schriftliche und telefonische Befragungen bei Führungskräften, Mitarbeitern, Auszubildenden, Fahrern sowie aktuellen und potenziellen Kunden durchgeführt.

Das Ergebnis: Die Mitarbeiter sind von der eigenen Leistung überzeugt und haben ein hohes Vertrauen in die Produkte und deren Qualität. TNT Innight wurde von ihnen als schnell, erfolgreich und zuverlässig empfunden. Allerdings zeigte die Mitarbeiterzufriedenheit auch ein anderes Bild der TNT Innight. So wurde die Situation am eigenen Arbeitsplatz als eher negativ erlebt. Eine gewisse Verunsicherung und Orientierungslosigkeit aufgrund von Enttäuschungen und wechselhafter Vergangenheit (häufige Wechsel von Führungsspitze, Visionen und Ziele) machte sich bemerkbar und damit einhergehend ein fehlendes Vertrauen in die „anonyme" Führungsmannschaft. Erstaunlicher Weise schlugen sich die internen Einschätzungen/Erkenntnisse der Innight bisher nicht auf die Wahrnehmung der Kunden nieder. Ganz im Gegenteil: Alle Bewertungen der Kunden fielen positiver aus als die der Innight-Mitarbeiter. Zudem zeigte die Analyse eine hohe emotionale Bindung der Kunden, begründet durch eine hohe Markensympathie und starkes Vertrauen in die Marke.

Für die Führungsspitze der TNT Innight warf dieses Ergebnis folgende Frage auf: Wo könnte TNT Innight stehen, wenn die Marke diese Kraft auch nach innen entwickeln kann? Die weitere Vorgehensweise war schnell klar: Die Marke TNT Innight musste gezielt von innen gestärkt werden.

3.3 Implementierung der Soll-Identität unter besonderer Berücksichtigung markenorientierter Führung

Im Gegensatz zum Markenprojekt bei TNT Express war der Fokus in der zweiten Projektphase bei TNT Innight zweigeteilt:

- Zum einen ging es darum, mit den Führungskräften eine unternehmens-spezifische Konkretisierung der Markenwerte zu erarbeiten und damit die Soll-Identität zu vervollständigen. Die Markenwerte der Soll-Identität entsprachen dabei den zentralen Markenwerten der Dachmarke TNT, die über alle Tochterunternehmen die gemeinsame Klammer bilden.

- Zum anderen sollte eine markenorientierte Führungskultur implementiert werden, da die Analyse den Bereich Führung als einen Hauptansatzpunkt identifiziert hatte, um eine Transformation der Ist-Identität zur Soll-Identität zu ermöglichen.

Unter Beteiligung des Management Boards und der Führungskräfte wurden im Zeitraum von August bis Oktober 2006 mehrere Workshops durchgeführt, in denen eine Konkretisierung der Markenwerte vorgenommen wurde. Ziel dieser Vorgehensweise war es, im Kreis der Führungskräfte ein einheitliches Verständnis der Markenwerte zu schaffen und ihre spezifische Bedeutung für das Tagesgeschäft der TNT Innight herauszuarbeiten. Zu diesem Zweck erarbeiteten die Führungskräfte in den Workshops ihr ganz persönliches Verständnis zu jedem Markenwert und wie sie diese Markenwerte im Tagesgeschäft erlebbar machen können. Diese Konkretisierungen wurden in das Markenmodell übertragen und gemeinsam in den Workshops diskutiert.

Die Ergebnisse der Workshops wurden wie bei TNT Express in einem Markenhandbuch verdichtet, das als Regelwerk vorgibt, wie bei TNT Innight gearbeitet und was (vor)gelebt werden soll, und erläutert, für was die Subbrand TNT Innight – im Hinblick auf die Dachmarke TNT, aber auch in Abgrenzung zur Schwester TNT Express – steht.

Ein weiterer Schwerpunkt in diesen Workshops lag darin, die Ausgestaltung einer markenorientierten Führung zu erarbeiten, um über den Hebel „Führung" dem gemeinsam entwickelten Soll-Bild der TNT Innight näher zu kommen. Hierzu wurde durch die Führungskräfte erarbeitet, wie sie ihre Rolle als Führungskraft bei TNT Innight sehen und wie das eigene Führungsverhalten konkret helfen kann, die Mitarbeiter zu markenorientiertem Verhalten zu motivieren. Weiterhin wurden die Grundlagen der gemeinsamen Informations- und Kommunikationspolitik entwickelt. Diese Elemente von markenorientierter Führung wurden zu einem Führungsleitfaden verarbeitet, der die Führungskultur aufweist, die zur Marke TNT Innight passt und verdeutlicht, welchen Führungsstandard sich die Führungskräfte von TNT Innight selbst auferlegt haben. So leben die Führungskräfte den Markenwert „Präsenz" bewusst vor, sei es durch „Walking Around", durch

Teilnahme an Meetings oder durch andere geeignete Maßnahmen, die den Kontakt zu den Mitarbeitern fördern. Zudem nehmen sich die Führungskräfte explizit Zeit für ihre Mitarbeiter und betreiben eine sogenannte „open door policy".

Auf der darauf folgenden Managementtagung wurden als Höhepunkt das Markenhandbuch und der Führungsleitfaden unter den anwesenden Führungskräften verteilt. Das Management Board ließ es sich dabei nicht nehmen, den Führungsleitfaden Satz für Satz zu erläutern, um damit die zentrale Bedeutung dieses Leitfadens zu demonstrieren. Dieser Führungsleitfaden wurde mit dem Markenhandbuch auf der Management Tagung verabschiedet und hatte seit diesem Tag Gültigkeit im Unternehmen (einige Punkte im Führungsleitfaden wurden durch Projektgruppen später noch weiter konkretisiert).

3.4 Projektergebnisse

Marke braucht Zeit, der Markenbildungsprozess ist als solcher ein langfristiger. Insofern ist es schwierig, Aussagen zu kurzfristig realisierten Ergebnissen zu fällen. Jedoch hatte das Markenprojekt eine positive Signalwirkung. Durch die breite Beteiligung der Mitarbeiter ist die Bereitschaft für den Veränderungsprozess vorhanden. Die Zugehörigkeit zu der starken Marke TNT gibt den Mitarbeitern Hoffnung, die Führungsspitze gewinnt zunehmend Vertrauen in der Belegschaft. Letztendlich wird die Zukunft zeigen, wie konsequent die Markenwerte im Unternehmen gelebt werden und wie dies gezielt zur Stärkung der Dachmarke TNT beiträgt. Spätestens mit Wiederholung der Markenstatusanalyse wird sich anhand von Zahlen, Daten und Fakten zeigen, wie der Wert der Marke TNT Innight sich verändert hat. Wir sind allerdings fest davon überzeugt, dass er sich zum positiven verändern wird.

Die Autoren

Thomas Kraus

Thomas Kraus, Jahrgang 1966, ist seit Januar 2006 Vorsitzender der Geschäftsführung der TNT Innight GmbH & Co. KG. Dieselbe Position füllt er seit Dezember 2006 bei der TNT Express GmbH aus. Kraus ist seit 1990 für TNT tätig und hat in dieser Zeit unterschiedliche Management-Positionen besetzt.

Jürgen Seifert

Jürgen Seifert, Jahrgang 1963, ist Geschäftsführer Human Resources & General Services von TNT Express GmbH und TNT Innight GmbH & Co. KG. Seifert ist seit 1993 in verschiedenen Management-Positionen bei TNT tätig, unter anderem als Geschäftsführer der unternehmenseigenen TNT Akademie, die er nach wie vor leitet.

Lutz Blankenfeldt

Lutz Blankenfeldt, Jahrgang 1967, verantwortet als Senior General Manager die Bereiche Marketing & Commercial der TNT Express GmbH. Er blickt auf eine mehr als zwölfjährige Laufbahn in den Bereichen Produktmanagement, Training, Marketing und Kommunikation in der Transportindustrie zurück und war auch bereits in anderen Unternehmen in leitenden Funktionen tätig.

Kapitel 3

Die Marke TÜV SÜD – Vom Pflichtfaktor zum „Mehr Wert"-Partner

Kristina Wegner, Rainer Strang

1 Einleitung

Erfolgreiche Internationalität und Behördenimage, hohe Bekanntheit als Auto-TÜV und kaum Bewusstsein für den Mehrwert, der für Unternehmen geschaffen wird: In diesem Spannungsfeld hat TÜV SÜD einen erfolgreichen Markenrelaunch vorgenommen. Ein immer härter werdender Wettbewerb erforderte eine klare Positionierung am Markt. Eine umfassende Analyse ergab, dass vor allem der wirtschaftliche Mehrwert der TÜV SÜD-Dienstleistungen zu betonen ist. Aus dem austauschbaren Claim „Kompetenz. Sicherheit. Qualität." wurde „Mehr Sicherheit. Mehr Wert." Zudem wurde das TÜV SÜD-Oktagon, aus dem schon weithin bekannten Prüfzeichen entstanden, optisch ausgeleuchtet und steht dreidimensional für Mehrwert.

Eine starke Marke braucht interne Identifikation. Und interne Identifikation setzt Verstehen voraus. Für die „neue" Marke TÜV SÜD – erstmals konsequent als Dachmarke für den weltweit tätigen Konzern eingesetzt – wurde zunächst eine interne Kampagne initiiert. Mitarbeiter präsentierten auf Postern ihre ganz persönliche „Mehr Wert"-Botschaft, vom neuen, überraschend emotionalen Unternehmensfilm ging der Belegschaft jeweils ein persönliches Exemplar zu; Intranet, Mitarbeiterzeitschriften und eine spezielle E-Mail-Adresse begleiteten das Thema. Der Höhepunkt waren schließlich „Mehr Wert"-Dialoge an elf Standorten: Dabei wurde der Weg zum neuen Claim dargestellt, die Sinnhaftigkeit einer Kampagne diskutiert – und zwischen Mitarbeitern und Führungskräften auch besprochen, was für die tagtägliche Arbeit verbessert werden muss, damit der Einzelne seinem Kunden wirklich Mehrwert bieten kann. Schließlich verlangt die „Mehr Wert"-Marke nicht nur konsequente Kommunikation, sondern vor allem glaubhafte Umsetzung bei jeder Dienstleistung.

Der folgende Beitrag stellt die noch kurze Geschichte der Markenstrategie von TÜV SÜD dar, beschreibt die einzelnen Werkzeuge der internen Kampagne, zeigt den Response auf und schlägt schließlich die Brücke zur externen Werbekampagne.

2 Das Unternehmen: viel mehr als Auto

Woran denken Sie, wenn Sie TÜV SÜD hören? Sie denken ans Auto und womöglich an Ihre Empörung, wenn der fahrbare Untersatz die Hauptuntersuchung einmal nicht auf Anhieb bestand? Zwei Anmerkungen zur Ehrenrettung von TÜV SÜD: Defekte Bremsen und ausgeschlagene Radlager können zu Unfällen führen. Insofern ist die gelegentlich verschmähte Hauptuntersuchung schon eine sinnvolle Sache. Schließlich geht es um die Sicherheit auf Deutschlands Straßen. Zweitens: Im Schnitt schaffen gut acht von zehn Fahrzeugen ihren „TÜV" auf Anhieb.

Tatsächlich ist TÜV SÜD aber viel mehr als Auto. TÜV SÜD ist ein weltweit tätiger Dienstleistungskonzern. Mit einem Jahresumsatz von fast 1,2 Milliarden Euro und 11 000 Vollzeitbeschäftigen ist er die größte TÜV-Organisation überhaupt. International zählt er zu den Top Vier der Branche. Die Unternehmenszentralen befinden sich in München, Danvers (Massachusetts, USA) und Singapur. Ihre operativen Aktivitäten hat die Unternehmensgruppe in den drei Strategischen Geschäftsfeldern INDUSTRIE, MOBILITÄT und MENSCH gebündelt. Mit einem Umsatzanteil von rund 530 Millionen Euro (= 47 Prozent) ist das Strategische Geschäftsfeld INDUSTRIE das größte im TÜV SÜD-Verbund, gefolgt von den Strategischen Geschäftsfeldern MOBILITÄT mit 420 Millionen Euro (= 37 Prozent) und MENSCH mit 185 Millionen Euro (= 16 Prozent). Die TÜV SÜD Gruppe ist weltweit

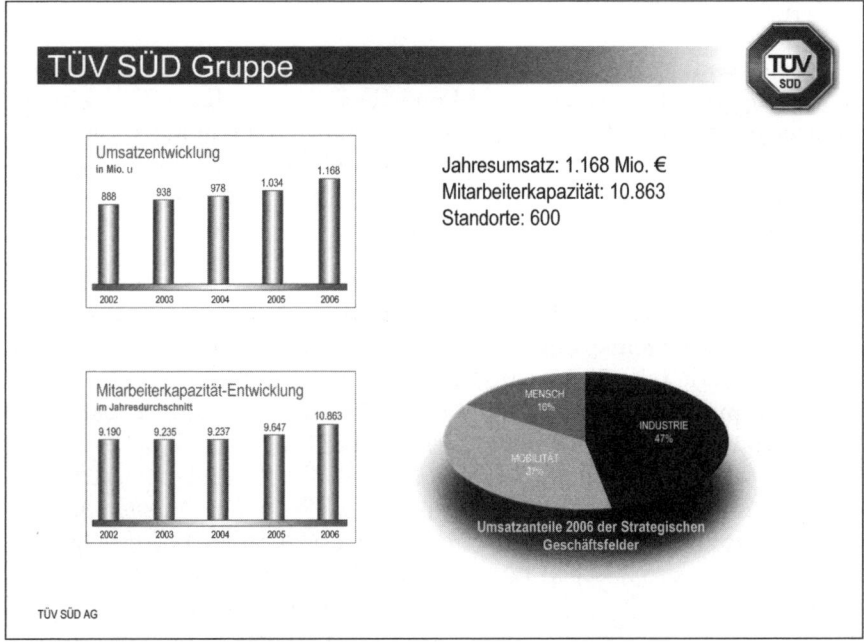

Abbildung 1: Die TÜV SÜD Gruppe

an 600 Standorten präsent. Ein Viertel des Konzernumsatzes entfällt auf das Auslandsgeschäft – Tendenz steigend (vgl. Abbildung 1).

3 Die Geschichte: wie 1866 alles begann

„Unser Ziel ist es, die Sicherheit und Wirtschaftlichkeit technischer Anlagen zu garantieren." Die Aussage stammt aus dem Jahr 1865 und zeugt von verblüffender Weitsicht. Sie ist aus der Satzung der „Gesellschaft zur Überwachung und Versicherung von Dampfkesseln mit Sitz in Mannheim", die im Jahr darauf von 21 Dampfkesselbesitzern gegründet worden ist. Bis in diese Gesellschaft hinein reichen die Wurzeln der heutigen TÜV SÜD AG. Was damals im Zuge der industriellen Revolution geschah, ist heute undenkbar: der Einsatz einer noch unausgereiften Technik, in diesem Fall der Dampftechnik. Diese revolutioniert zwar die Industrie, kostet aber Hunderten von Menschen das Leben, führt zu verheerenden Verwüstungen und treibt weite Teile der Wirtschaft in den Ruin. Man stelle sich vor, heute käme ein neues Auto auf den Markt, das auf der Autobahn seine Räder verliert.

Mit der Gründung ihrer „Gesellschaft zur Überwachung und Versicherung von Dampfkesseln" wollen die Mannheimer Unternehmer ihre eigenen Mitarbeiter, die Bevölkerung und schließlich auch die von ihnen getätigten Investitionen schützen. Der Erfolg gibt ihnen Recht. Die Zahl der Unglücksfälle geht drastisch zurück. Die Entwicklung der „TÜV" nimmt ihren Lauf. In den Anfangsjahren sind es hierzulande weit über hundert.

Schnell ist die Expertise des Dampfkessel-Revisions-Vereins in neuen Bereichen gefragt: Stromanlagen, Dieselmotoren, Personenaufzüge, Ferndampfleitungen, Lichtspieltheater und anderes folgen. Ab den 20er Jahren sind die Experten des Vereins im Kraftfahrzeugbereich tätig. Im Jahr 1938 erhalten sämtliche Revisions-Vereine per Dekret den Namen, der heute hinter den drei Buchstaben steht: „Technischer Überwachungs-Verein". Es kommen weitere Betätigungsfelder hinzu – von der Fahreignung über die Kerntechnik und den Bildungssektor bis hin zu Produktprüfungen und der Zertifizierung von Managementsystemen. Die Integration Europas und die Schaffung des europäischen Binnenmarkts Anfang der 90er Jahre bringen es mit sich, dass sich die klassischen TÜV-Märkte für den nationalen und internationalen Wettbewerb öffnen. Dies führt einerseits zu einer Ausweitung der Marktaktivitäten in Europa, den USA und Fernost, andererseits zu

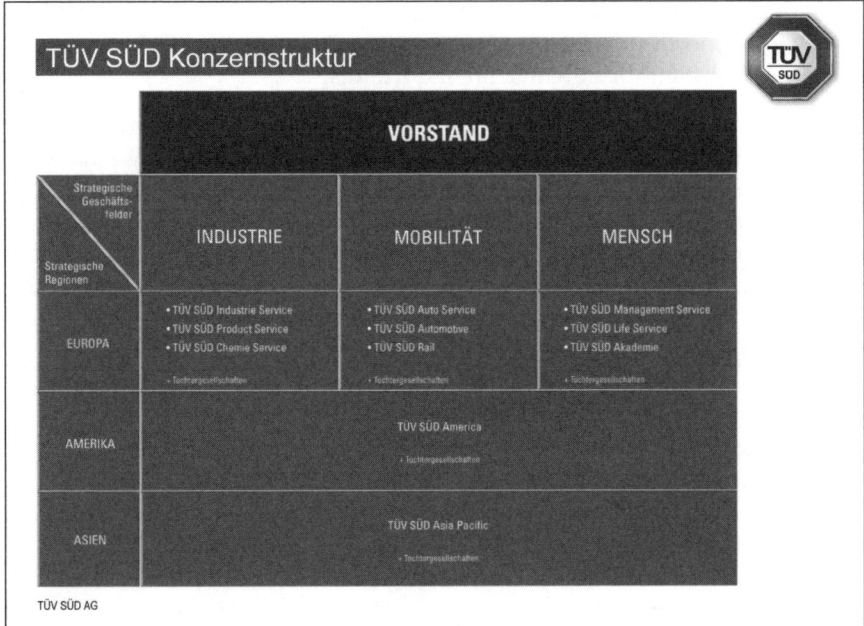

Abbildung 2: Die TÜV SÜD Konzernstruktur

einer Konsolidierung auf dem nationalen Prüfmarkt (vgl. Abbildung 2). So folgen die Fusionen des TÜV Bayern, dem Vorläufer der TÜV SÜD AG, mit dem TÜV Sachsen (1992), dem TÜV Südwest (1996) und die Mehrheitsbeteiligung an der TÜV Hessen GmbH zum heutigen TÜV SÜD.

4 Die Ausgangssituation: Differenzierung tut not

Die Welt der TÜV hat sich in den letzten 20 Jahren gewaltig verändert. Das gilt auch für TÜV SÜD. Ebenso wie die anderen TÜV-Organisationen war er über viele Jahrzehnte und damit den bislang größten Teil seiner Geschichte hinweg ausschließlich im Auftrag des Staates tätig. Die Staatsnähe führte zu behördenähnlichen Strukturen. Gebührenordnungen sicherten die Einkünfte der TÜV. Die Besoldung der Beschäftigten war vergleichbar mit der von Beamten. Die Vereinsstruktur verhinderte eine gewinnorientierte Tätigkeit, die die TÜV auch gar nicht zum Ziel hatten. In der Praxis hatte dies zur Folge, dass die TÜV von der Öffentlichkeit als Behörde oder zumindest als Quasi-Behörde missverstanden wurden. Der Begriff „TÜV-Beamter", den es in Wahrheit nie gab, machte die Runde.

Aber Deregulierung und Liberalisierung führten schließlich dazu, dass die TÜV zu Wirtschaftsunternehmen wurden, die sich im globalen Wettbewerb behaupten. TÜV SÜD hat diesen Wandel mit großem Erfolg vollzogen. Die Basis dafür bildeten im Wesentlichen die Entwicklung und Markteinführung neuer Dienstleistungen über die ursprünglichen staatsentlastenden Tätigkeiten hinaus und eine konsequente Internationalisierung des Geschäfts. In der Öffentlichkeit ist dies nach wie vor nur bedingt bekannt – viele verbinden mit dem Unternehmen TÜV SÜD immer noch Begriffe wie „Behörde", „Kontrolle", „Prüfung" und andere eher negative Assoziationen. Diese Attribute werden sämtlichen TÜV zugeschrieben, obwohl sie eigenständige Wirtschaftsunternehmen im direkten Wettbewerb sind. Also ein glasklares Imageproblem! Ein differenzierendes Marktprofil von TÜV SÜD existierte kaum, wurde in einem wachsenden Wettbewerbsumfeld aber immer notwendiger.

5 Vom TÜV zur Marke TÜV SÜD: vom Prüfzeichen zum Logo

Darf ein Unternehmen mit dem verantwortungsvollen Auftrag, Sicherheit zu gewährleisten, Gewinn machen? Ist TÜV eine Marke? Ist die Marke TÜV oder TÜV SÜD? Selbstverständliche Fragen mit klaren Antworten für konkurrierende Wirtschaftsunternehmen, bei TÜV SÜD jedoch sehr junge Fragen. Denn die Geschichte von TÜV SÜD brachte es mit sich, dass das Unternehmen – wie die anderen TÜV auch – Instrumente von Vertrieb, Marketing und Public Relations erst verhältnismäßig spät aktiv einsetzte. Marketing und Kommunikation waren in der dezentralen Konzernstruktur bis Ende der 90er Jahre wenig ausgeprägt. Es gab zwar eine zentrale Pressearbeit, aber keine zentrale Einheit, die zum Beispiel Corporate Identity, Corporate Design oder Marke verantwortete.

Es existierte ein Corporate Design Manual, das die Gestaltung bestimmter Kommunikationsmittel und eine Schriftmarke TÜV Süddeutschland mit Submarken der einzelnen Tochtergesellschaften festlegte. Jedoch wurden weder die Corporate Identity noch das Corporate Design, ganz zu schweigen die Marke, strategisch behandelt und aktiv gesteuert.

Die Marke TÜV Süddeutschland wurde von der Konzernholding verwendet, das heißt in erster Linie durch zentrale Konzernbereiche und durch die Unternehmensspitze. Die einzelnen Tochtergesellschaften der Unternehmensgruppe bildeten hingegen eigene Marken: TÜV Bau und Betrieb oder TÜV Verkehr und Fahrzeug zum Beispiel. Die optische Gestaltung der Marken war einziges Wiedererkennungsmerkmal, jedoch aufgrund der Form als Schriftmarke ein relativ schwaches Mittel.

Diese Markenarchitektur galt weltweit. Differenzierender Marktauftritt durch Corporate Identity, Corporate Design, Marke und eine entsprechende Kommunikation: Das Bewusstsein für diesen Erfolgsfaktor war aber nach wie vor gering. Im Jahr 2004 fand ein Relaunch des Corporate Design statt. Das Ergebnis wurde für alle weltweit operierenden Konzerngesellschaften und Geschäftsbereiche verbindlich vorgeschrieben. Ein absolutes „Novum"! Nach Jahren passiver Corporate Design- und Markenführung war Schluss mit individuellen Marktauftritten. Im Rahmen dieses Relaunch wurde das blaue Oktagon von TÜV SÜD, das bis zu diesem Zeitpunkt bereits als Prüfzeichen für Produkte und technische Anlagen verwendet wurde, per Vorstandsentscheid in leicht modifizierter Form zum neuen Unternehmens-

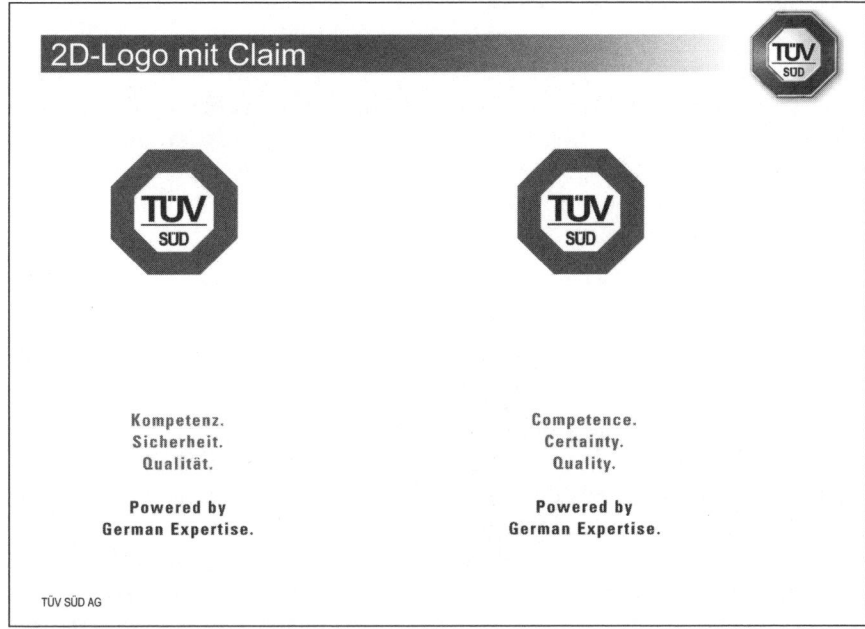

Abbildung 3: 2D-Logo mit Claim

2D-Logo Industrie Service

Industrie Service

TÜV SÜD AG

Abbildung 4: 2D-Logo Industrie Service

logo. So entstand eine Art Dachmarkenarchitektur: das blaue Oktagon mit der Innenschrift TÜV SÜD. Die einzelnen Tochtergesellschaften behielten „ihre" Marken durch den Zusatz ihrer Unternehmensbezeichnung außerhalb des Oktagons und wurden damit der Dachmarke als eindeutigem Wiedererkennungselement untergeordnet.

Aufgeladen wurde das TÜV SÜD-Logo mit dem Slogan „Kompetenz. Sicherheit. Qualität." Logo und Slogan bildeten den visuellen Kern des neuen Corporate Designs und waren damit zentrale Elemente des gesamten Unternehmensauftritts (vgl. Abbildungen 3 und 4).

Verspricht die Markenpositionierung Erfolg im immer schärfer werdenden Wettbewerb? Sind Logo und Slogan noch zeitgemäß? Im Frühjahr 2006, also etwa zwei Jahre nach der weltweiten Implementierung der neuen Corporate Identity, stellte der TÜV SÜD-Vorstand seinem Konzernbereich Unternehmenskommunikation diese Fragen. Der Weg war das Ziel des Vorstandsauftrags: Es galt, über strukturiertes Vorgehen zu einem konstanten Markenprofil zu kommen; zu einem Markenprofil, das eine langfristige und klare Differenzierung im homogenen Umfeld der sicherheitstechnischen

Gutachterorganisationen ermöglicht. Weltweite Anwendbarkeit wurde dabei vorausgesetzt.

Die einzelnen Schritte im Überblick:

1. Definition des Status zur Marke TÜV SÜD intern und extern
2. Festlegen der Zielrichtung des Unternehmensimages
3. Entwickeln der Markenidentität und des Unternehmensprofils
4. Kommunikation der Marke nach innen und außen

6 Die Marke TÜV SÜD intern und extern

6.1 Interner Status: die starke Basis

Der optische Unternehmensauftritt war weltweit einheitlich durchgesetzt. Das Markenbild vereinte eine Schrift- und Bildmarke. Der optische Teil – das blaue Oktagon – hatte bereits einen hohen Wiedererkennungswert erreicht, da es im Wesentlichen den Prüfzeichen entsprach. Von einem gewissen Bekanntheitsgrad der Marke TÜV SÜD war also auszugehen. Das Corporate Design – die Gestaltung aller Kommunikationselemente – war ebenfalls konzernweit und weltweit durchgängig. Es sollte aufgrund der bis dato kurzen Lebensdauer nicht wieder verändert werden.

Neben dem Claim „Kompetenz. Sicherheit. Qualität." fanden sich in den Quellen von TÜV SÜD weitere, zum Teil unterschiedliche Aussagen darüber, wofür das Unternehmen steht: „Wir sorgen als Ihr unabhängiger Partner in allen Bereichen der Technik für Zuverlässigkeit, Sicherheit, Qualität und Wirtschaftlichkeit", lautete ein Auszug aus dem damaligen TÜV SÜD-Leistungsspektrum. Und aus der TÜV SÜD-Unternehmenspolitik stammt die Aussage, die an den historischen Gründungszweck angelehnt ist: „Die TÜV SÜD Gruppe sorgt dafür, dass Menschen, Umwelt und Sachgüter im harmonischen Einklang mit der Technik nachhaltig existieren können."

Vom Wort zum Bild: Die Mitarbeiter hatten das Oktagon als Unternehmenszeichen schnell akzeptiert. Die Identifikation mit dem Unternehmen war vergleichsweise groß. Mit zwölf Jahren liegt die Betriebszugehörigkeit bei TÜV SÜD bis heute etwa doppelt so hoch wie im Firmendurchschnitt in Deutschland. Dennoch wurde das Bewusstsein für das Unternehmen

TÜV SÜD bzw. TÜV Süddeutschland oft von regionalen, gesellschafts- oder fachbereichsbezogenen Loyalitäten überlagert. Wo arbeiten Sie? Diese Frage beantworteten viele Mitarbeiter mit „TÜV", nicht mit TÜV Süddeutschland. Der intensive Konsolidierungsprozess in den 90er Jahren war zudem nicht umfassend durch integrative Maßnahmen der internen Kommunikation begleitet worden. Für große Teile der Belegschaft bestanden trotz Fusion TÜV Bayern, TÜV Sachsen oder TÜV Südwest schlichtweg fort. Daher rühren die anhaltend starken regionalen Affinitäten in den einzelnen Standorten. Zum Beispiel dominiert in Sachsen nach wie vor der grüne Colour-Code des ehemaligen TÜV Sachsen. Die Verbundenheit zu den ehemaligen „Einzel-TÜV" besteht nach wie vor. Trotz der Identifikation mit dem Unternehmen selbst war die Identifikation mit der Marke TÜV SÜD so gut wie nicht vorhanden.

TÜV Bayern, TÜV Süddeutschland oder TÜV SÜD? Es bestand ein diffuses Eigenbild. Deshalb war klar: Eine intensive Information der Mitarbeiter über Marke und das neue Unternehmensselbstverständnis muss sein, um eine einheitliche Eigensicht zu erreichen – die Basis für eine starke Marke.

Akribischer Autoprüfer oder Managementsystem-Experte mit dem Potenzial zum Unternehmensberater? Auch die Öffentlichkeit wurde mit unterschiedlichen Werten und Schlagworten konfrontiert, zumal in der gesamten internen wie externen Kommunikation eine Fokussierung auf traditionsbewusste oder vergangenheitsgerichtete Werte, Dienstleistungen und Beschreibungen erkennbar war. Der Slogan „Kompetenz. Sicherheit. Qualität." bündelte sie. Diese noch dazu sehr generischen Begriffe waren austauschbar und bereits von anderen Wettbewerbern besetzt, wie es die externe Analyse bestätigte.

Eine einheitliche und eindeutige Maxime oder Leitlinie zu Unternehmenspositionierung, zu Image und Marke stand den Tochtergesellschaften sowie deren Marketing- und Kommunikationsabteilungen folglich nicht zur Verfügung. Die Unternehmensdarstellung nach außen unterlag damit inhaltlich gesellschafts-, personen- oder portfoliobezogenen Einflüssen und variierte dementsprechend: von technischer Sicherheit im Besonderen über Technik im Allgemeinen, von Prüfung und Kontrolle bis Qualität und Neutralität. Sogar eigene claimähnliche Aussagen waren Verkaufsargumente.

Die interne Analyse ließ – kurz gefasst – Folgendes erkennen: TÜV SÜD ist ein Unternehmen mit vielen hundert Dienstleistungen für nahezu alle Branchen in den Wirtschaftszentren Europas, Asiens und Amerikas. Entsprechend breit sind das Portfolio, die Zielgruppen und damit deren Ansprache zu fassen. Die Dachmarke und inhaltliche Aufladung müssen eine

Klammer für all diese Ansprüche sein. Eine Markenarchitektur mit Einzelmarken für Konzerngesellschaften oder Dienstleistungen hätte den bereits erreichten Markenwert sicherlich geschmälert.

Die Überprüfung sollte sich auf die Dachmarke TÜV SÜD und deren inhaltliche Aufladung konzentrieren, aber nicht auf deren Optik – das Oktagon galt als Logo gesetzt. Ziel war die klare Positionierung des Unternehmens und seiner Marke, aus der sich eine Markenidentität, ein markenstärkender Slogan und andere nützliche Instrumente für die Wettbewerbsdifferenzierung ableiten lassen.

6.2 Externer Status: Wettbewerb, Kunden und Öffentlichkeit

Wettbewerb: Fluch der Homogenität

Der Vergleich mit den Wettbewerbern ergab, dass sich die übrigen TÜV-Organisationen ebenso wie der Verband der TÜV mit ähnlichen generischen Aussagen im Markt zu positionieren versuchten wie TÜV SÜD. „Dokumentation von Sicherheit und Qualität", „technischer Dienstleister", „Neutralität und Unabhängigkeit", „Kunden- und Serviceorientierung", „Internationalität" sowie „Schutz von Mensch, Umwelt und Sachgütern" sind Beispiele dafür. Erschwerend kam hinzu, dass alle Unternehmen die markanten und weithin bekannten drei Buchstaben TÜV in ihrer Firmierung tragen, die gleiche Geschichte erlebt hatten und ähnliche Serviceleistungen anbieten. Zudem verwendeten alle den technischen Colour-Code Blau.

Im internationalen Abgleich zeigte sich ein ähnliches Bild. Unter den genannten Positionierungen boten alle Marktteilnehmer ein nahezu identisches Portfolio an. Für den nationalen Markt galt dies fast ausschließlich, für den internationalen in jedem Fall für Segmente. Entsprechend waren auch die Zielgruppen wenig unterschiedlich. Homogene Dienstleistungen und Zielgruppen kennzeichneten den Markt. Eine Unterscheidung war für die Anbieter kaum möglich und so lange auch wenig relevant, wie es um technisches Know-how, Sicherheit, Qualität, Prüfungen, Zertifizierungen, Neutralität oder Ähnliches ging.

Fazit der externen Analyse war eine zu geringe Differenzierung zwischen den Wettbewerbern aufgrund nahezu identischer Positionierungen auf klassische, generische Prüfgesellschaftskompetenzen.

Kunden und Öffentlichkeit: vom Pflichtfaktor zum Partner

Was wissen und denken Kunden? Was denken Hochschulabgänger als potenzielle TÜV SÜD-Nachwuchskräfte? Was meinen andere Anspruchsgruppen? Studien und Befragungen zeigten und bestätigten: Die drei Buchstaben TÜV sind insbesondere in der deutschen Öffentlichkeit sehr bekannt. „Der TÜV" verfügt über eine hervorragende Reputation. Sein Image ist aber wenig attraktiv. Bei den Dienstleistungen sind besonders jene rund ums Auto bekannt. Kaum jemand weiß oder findet es wichtig, dass es verschiedene TÜV gibt. Auch Kundenbefragungen im B2B-Geschäft, auf das bei TÜV SÜD etwa 80 Prozent des Konzernumsatzes entfallen, gaben das Signal: Zeit zum Handeln! Auch hier stand TÜV SÜD für positive Begriffe wie Sicherheit, Zuverlässigkeit, Erfahrung, Objektivität und Neutralität. Trotzdem wurde er eher als lästige Pflicht oder Kostenfaktor denn als nützlicher Partner angesehen. Dass sich Investitionen in TÜV SÜD für die Kunden amortisieren, war nur unzureichend bekannt. Umfragen bei Industriekunden ergaben darüber hinaus, dass „der TÜV" zwar im technischen Betrieb eine bekannte und anerkannte Größe war, bei den wichtigen innerbetrieblichen Zielgruppen Einkauf und Marketing aber wenig gegenwärtig war.

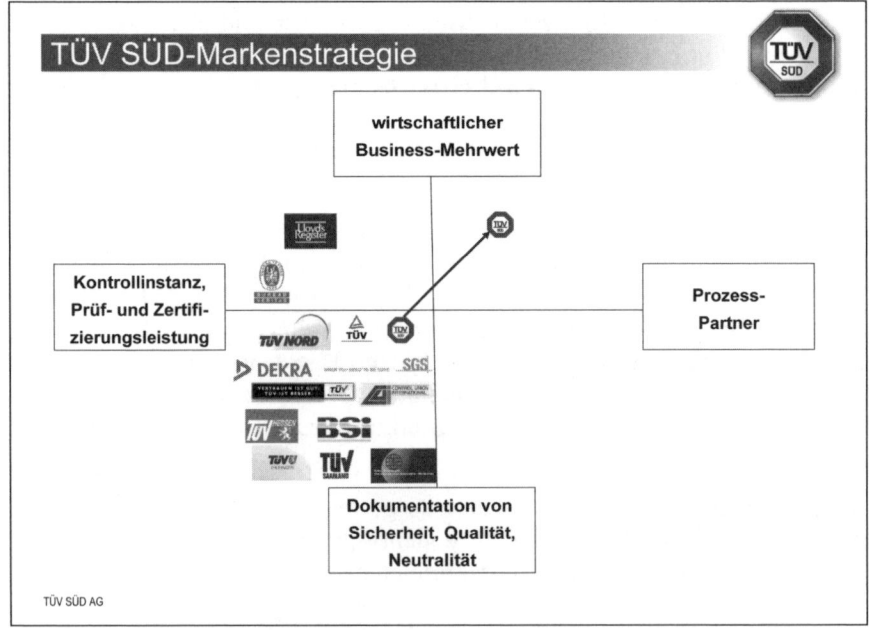

Abbildung 5: Die TÜV SÜD-Markenstrategie (Teil 1)

TÜV SÜD wurde nicht als ein internationales, sondern als eher regionales Unternehmen wahrgenommen. Seine Kompetenzen als ein beratender oder begleitender Dienstleister mit Kundenfokus, der Dienstleistungen für wirtschaftlichen, messbaren Nutzen bietet, waren weitgehend unbekannt.

Die Befragung der B2B-Kunden als der entscheidenden Zielgruppe bekräftigte die Notwendigkeit einer differenzierenden Neupositionierung in einem homogenen Marktumfeld. Aus den Umfragen und weiteren externen Studien über Marktbedürfnisse ergab sich auch die inhaltliche Stoßrichtung: TÜV SÜD sollte von einem sicherheitstechnischen Gutachter zu einem Unternehmen positioniert werden, das für seine Kunden wirtschaftlichen Mehrwert schafft. Neben den bekannten technischen und qualitativen Attributen mussten also die ökonomischen Aspekte der Dienstleistungen betont werden (vgl. Abbildung 5).

7 Die Markenbildung

7.1 Prozess der Markenbildung: per Steuerrad

Eine unverwechselbare Marke schaffen, die in der Wahrnehmung der Kunden deutlich attraktiver ist als andere Marken! So lautete also die klare Aufgabenstellung. Die Zielrichtung, durch interne und externe Bestandsaufnahme sorgfältig ermittelt, sollte aber auch intern eine Bestätigung finden. Denn nur eine hohe Akzeptanz im Unternehmen, insbesondere auf höchster Führungsebene, ist eine solide Basis für eine nachhaltige Positionierung. Dazu wurde neben dem Vorstand auch die zweite Führungsebene eingebunden: die Geschäftsführungen und -leitungen sowie die Marketingverantwortlichen der Konzerngesellschaften.

Diese spezielle Kommunikationskaskade wurde deshalb gewählt, weil in einem traditionell hierarchisch strukturierten Konzern wie TÜV SÜD die Führungskräfte zum einen Multiplikatoren sind und zum anderen als Autorität eine Vorbildfunktion für ihre Mitarbeiter übernehmen. Für Markenidentifikation ist Integration ein entscheidender Akzeptanzfaktor; trotzdem muss die Markenbildung auch mit einer gewissen autoritären Entschiedenheit geführt werden. Meinungsbildung, Abfragen zu Gefallen oder Ideen in einem breiten Kreis können nur Ausgangspunkt für den Prozess sein, aber nicht ein Meilenstein im finalen Entscheidungsschritt. Aufgrund der teils noch sehr hohen regionalen oder bereichsspezifischen Wahrnehmung des Unternehmens sowie der sehr weit gefassten Portfoliostruktur wäre durch eine Basisbeteiligung immer nur ein Meinungsausschnitt erreicht worden.

Die anvisierte Betonung des ökonomischen Nutzens fand die volle Zustimmung und Unterstützung in allen Managementebenen der TÜV SÜD-Gruppe. „Mit unserem modifizierten Marktauftritt reagieren wir auf die weitere Liberalisierung des nationalen Markts, aber auch auf einen sich weltweit verschärfenden Wettbewerb", sagte der damalige TÜV SÜD-Vorstandsvorsitzender Dr.-Ing. Peter Hupfer. Und: „Es ist unser Ziel, uns durch ein klares Profil noch deutlicher als bisher von den anderen Marktteilnehmern zu unterscheiden und damit die Aufmerksamkeit der Kunden auf TÜV SÜD zu fokussieren. "

Für einen strukturierten und vor allem objektivierten Markenbildungsprozess arbeiteten die Verantwortlichen bei TÜV SÜD auch mit externen Experten für Markenbildung und mit einer Kreativ-Agentur zusammen. In mehreren Workshops wurde die Markenidentität entwickelt. Instrument war das Markensteuerrad von *icon brand navigation*. Damit wurden Ist und Soll des TÜV SÜD-Markenbildes aufeinander gelegt und ein in sich schlüssiges Image erarbeitet. Ergebnis war eine Positionierung der Corporate Brand, die die Ziele der Differenzierung einerseits und die Unternehmensidentität andererseits berücksichtigt. Daraus wurden eine konzernweit verbindliche Mission und Vision abgeleitet und ein neuer Claim für eine effiziente Markenkommunikation entwickelt: „Mehr Sicherheit. Mehr Wert." – um etwas Spannendes vorweg zu nehmen.

7.2 Ergebnis der Markenbildung: „Mehr Wert"-Partner

Der Markenbildungsprozess ergab eine Positionierung, die die historische Persönlichkeit des Unternehmens mit seinen Kernkompetenzen und seiner Herkunft berücksichtigte. Gleichzeitig hob sie aus den Eigenschaften des Unternehmens die Attribute heraus, die das Soll-Image betonen. In Form einer neuen Unternehmensmission wurde die Unternehmensidentität umgehend an alle Mitarbeiter weitergegeben: „TÜV SÜD schafft mehr Sicherheit und wirtschaftlichen Mehrwert. Als Prozesspartner mit umfassenden Branchenkenntnissen sorgen unsere Spezialistenteams durch frühzeitige Beratung und kontinuierliche Begleitung für die Optimierung von Technik, Systemen und Know-how. So stärken wir die Wettbewerbsfähigkeit unserer Kunden weltweit. "

Die neue Mission wurde über die klassischen Wege wie Intranet oder Mitarbeiterzeitungen an die Belegschaft kommuniziert. Darüber hinaus gab es zum Beispiel auch ein DIN-A4-Poster, das das neue Markenzeichen mit Claim und Mission als Einheit darstellt. Die Mission ist seitdem fester Bestandteil von Internet, Intranet, Imagebroschüre, Geschäftsbericht und anderen markenstrategisch relevanten Publikationen.

7.3 Der neue Claim: mit Dachmarkenanspruch

Glaubwürdigkeit, Markenidentität, Dachmarkenanspruch und vor allem auch interne Identifizierungsmöglichkeiten waren die wichtigsten Faktoren bei der Bildung der Corporate Brand. Im Claim zeigt sich diese Verbindung sehr klar. Konsequent abgeleitet aus Markenkern und Positionierung lautet er: Mehr Sicherheit. Mehr Wert.

Es war wichtig, den Aspekt der Sicherheit in der Brand-Positionierung so prominent zu verankern. Erstens ist Sicherheit in den verschiedensten Bereichen – in der Technik und Wirtschaftlichkeit – der Kern aller Geschäftstätigkeiten von TÜV SÜD. Zweitens erwarten gerade Endverbraucher, dass TÜV SÜD mit seinen Dienstleistungen Sicherheit schafft. Drittens konnten sich durch die Berücksichtigung des Sicherheitsaspekts gerade die TÜV SÜD-Beschäftigten mit einer überdurchschnittlich langen Betriebszugehörigkeit leichter mit ihrem „neuen" Unternehmen identifizieren. Denn zuvor waren die interne und externe Kommunikation sowie die Identifikation mit dem Unternehmen eher auf traditionsbewusste oder vergangenheitsgerichtete Werte, Dienstleistungen und Beschreibungen wie Sicherheit, Qualität, Kompetenz, Technik gerichtet. Zu beachten waren auch existenzielle Kerngeschäfte von TÜV SÜD: die Haupt- und Abgasuntersuchung für Fahrzeuge oder Produktprüfungen, für deren B2C-Zielgruppe Sicherheit eine hohe Priorität hat. Wirtschaftlicher Mehrwert ist vorrangig ein Bedürfnis gewerblicher oder industrieller Kunden. Als Hauptadressat von TÜV SÜD sollen aber gerade sie mit der „Mehr Wert"-Strategie angesprochen werden. Zudem ist die Positionierung im ökonomischen Umfeld das entscheidende Differenzierungsmerkmal zum Wettbewerb. Damit sichert der neue TÜV SÜD-Claim die Verbindung zwischen der traditionellen Markenkompetenz des Unternehmens und einem für die jeweiligen Zielgruppen attraktiven und zukunftsorientierten Marken-Mehrwert.

Mit dem Claim „Mehr Sicherheit. Mehr Wert." (engl. „Choose Certainty. Add Value.") war die Entscheidung gefallen, dass sich TÜV SÜD durchgängig auf allen Märkten als die „Mehr Wert"-Marke positioniert und damit in seiner internationalen Kommunikation seine neue Rolle als „Mehr Wert"-Partner seiner Kunden fokussiert. Vorstandsvorsitzender Dr.-Ing. Peter Hupfer bemerkte beim Start der Markenoffensive seines Unternehmens: „Wir sagen unseren Kunden deutlicher als je zuvor, wie nützlich wir für sie sind. Damit verabschieden wir uns ein für alle Mal vom ohnehin längst überholten Bild der anerkanntermaßen notwendigen, aber dennoch lästigen Prüforganisation und profilieren uns als Berater und Prozessbegleiter, die für ihre Kunden messbaren Mehrwert schaffen. Wir unterstreichen die ökonomischen Positiveffekte unserer Dienstleistungen, ohne mit unseren traditionellen Stärken wie Kompetenz, Sicherheit, Qualität und Unabhängigkeit zu brechen."

7.4   Das Markenzeichen: ein Oktagon mit Bestand

Schon in der Bestandsaufnahme war deutlich geworden, dass das Markenzeichen möglichst wenig verändert werden sollte. Durch die frühe Verwendung als Prüfzeichen und die spätere Übernahme als Markenzeichen hatte sich das blaue Oktagon bereits als bekannte Größe im Markt etabliert. Die Weiterentwicklung des Markenzeichens musste deshalb unter der Prämisse stehen, mit dem Oktagon besonders sorgfältig umzugehen und seine Wiedererkennung auf jeden Fall sicherzustellen. Insofern war es nicht opportun, über ein neues Markenzeichen und/oder einen Wechsel des Colour Code Blau nachzudenken. Jedoch bestand der klare Anspruch, dass die „Mehr Wert"-Strategie von TÜV SÜD in einem modifizierten Markenlogo zum Ausdruck kommen und das Markenzeichen damit wertvoller und wünschenswerter erscheinen soll.

Der grafische Wechsel von der Zweidimensionalität in die Dreidimensionalität erfüllte schließlich alle Ansprüche an das neue TÜV SÜD-Markenzeichen. Mit dem Wechsel in die Dreidimensionalität und einer zusätzlichen vorsichtigen Ausleuchtung des Markenzeichens entwickelte sich TÜV SÜD nun auch optisch in Richtung „Mehr Wert" weiter. Zudem wurde eine visuelle Differenzierung zum Wettbewerb erzielt, der sich durchweg zweidimensional darstellt.

Für eine starke Vereinigung der Marke und ihrer Identität wurde ein grafisches Element entwickelt: die sogenannte Corporate Area, auf der Zeichen und Claim untrennbar auf allen Kommunikationsmitteln stehen. Das Corporate Design wurde im Hinblick auf die Anwendung des angepassten Markenzeichens aktualisiert, jedoch in seiner Grundgestaltung belassen (vgl. Abbildung 6).

Mehr Sicherheit. Mehr Wert.

TÜV SÜD schafft mehr Sicherheit und
wirtschaftlichen Mehrwert.

Als Prozesspartner mit umfassenden
Branchenkenntnissen sorgen unsere
Spezialistenteams durch frühzeitige
Beratung und kontinuierliche
Begleitung für die Optimierung von
Technik, Systemen und Know-how.

So stärken wir die Wettbewerbsfähigkeit unserer Kunden weltweit.

TÜV SÜD AG

Abbildung 6: Die TÜV SÜD-Markenstrategie (Teil 2)

7.5   Markenkommunikation nach innen und außen

Die „Mehr Wert"-Strategie und ihre weltweite Umsetzung wurden durch
den Vorstand im Rahmen einer internationalen Managementkonferenz be-
schlossen. Die schnelle und intensive Weitergabe an alle Mitarbeiter und die
Besetzung des Themas im Wettbewerbsumfeld waren die nächsten notwendigen Schritte. Maßgabe war dabei, die Neupositionierung erst intern in die
Belegschaft und dann extern zu kommunizieren. Denn die Neupositionierung als „Mehr Wert"-Partner konnte nur glaubwürdig umgesetzt werden,
wenn Dienstleistungen und Handeln der Mitarbeiter diese Rolle auch widerspiegeln. Nahezu alle Dienstleistungen von TÜV SÜD schaffen einen
Mehrwert für die jeweilige Zielgruppe – ökonomisch oder auch in immate-
rieller Form. Das Markenversprechen „Mehr Wert." steht also auf einem
soliden Fundament. Die stete Herausforderung für den Mitarbeiter ist es
jedoch, Nutzenargumentation in Publikationen, Kundengesprächen und
vor allem in der Ausführung seiner Dienstleistung zu überprüfen. Den TÜV
SÜD-Führungskräften war deshalb auch klar, dass eine reine Verkündigung
eines Markenzeichens einen viel zu geringen Effekt haben würde. Mit die-

sem Bewusstsein wurde zunächst eine interne Markenkampagne initiiert, die auch Fragestellungen behandelte wie „Was ist Mehrwert?" oder „Wie schaffe ich Mehrwert?"

7.6   Die interne Markenkommunikation: authentisch

So startete TÜV SÜD im Sommer 2006 eine Kommunikationsoffensive, die sich an die Belegschaft des Unternehmens richtete. Der Schwerpunkt lag auf Informationen und Erläuterungen zur neuen Positionierung und Marke, um über das Verständnis eine hohe Identifikation und Bindung mit der Marke zu erreichen. Der Mitarbeiter sollte ein positiver Multiplikator der Marke und des Unternehmens werden. Um von dem Image des Kontrolleurs und Prüfers hin zum engagierten und verantwortungsvollen Prozesspartner zu kommen, ist auch eine Änderung im Verhalten beim und in der Kommunikation mit dem Kunden notwendig. Es gilt, die falsche Einschätzung zu widerlegen, dass TÜV SÜD-Mitarbeiter nur einen Teil einer Anlage oder einen Abschnitt im Prozess rein unter der Maßgabe von Richtlinien betrachten.

Bisher war die Mitarbeiterkommunikation in der Unternehmensgruppe TÜV SÜD sehr formal und auf fachliche und faktische Informationen beschränkt. Sie erfolgte hierarchisch über die Führungsebenen. Zusätzlich gab es dezentrale Mitarbeiterzeitungen der Konzerngesellschaften und ein zentral gesteuertes Intranet, das in erster Linie Plattform für prozessstützende Werkzeuge und Informationen war.

Die Ansprache der Mitarbeiter zum Thema Marke sollte bewusst anders sein, um eine höhere Aufmerksamkeit und Nachhaltigkeit zu bewirken und um sicher zu stellen, dass die Information nicht „in der Kaskade" verloren geht. Besondere Herausforderungen waren die Größe des Unternehmens, die dezentrale Struktur sowie die unterschiedlichen Möglichkeiten für Mitarbeiter, an Informationen zu gelangen.

Die Prinzipien der internen Markenkommunikation daher: direkte Ansprache auf emotionale, für das Unternehmen unübliche Weise! Erreicht werden musste ein Dialog zwischen Belegschaft und Führungsebene bzw. Unternehmenskommunikation.

Die Bausteine der internen TÜV SÜD-Kommunikationsoffensive waren:

- **Mission:** Die Unternehmensmission wurde konzernweit als Poster zur Verfügung gestellt.

- **Film:** Alle Belegschaftsmitglieder des Konzerns erhielten den neuen Unternehmensfilm – Titel „Was sind das für Menschen?". In einem konzernweiten Direct Mailing bekam jeder Mitarbeiter ein persönliches Exemplar. Dem Film waren ein Anschreiben beigefügt sowie ein Booklet, das kurz erläuterte, warum der Film so gestaltet wurde. Denn der neue Unternehmensfilm stellt die Mitarbeiterinnen und Mitarbeiter von TÜV SÜD in den Vordergrund. Auf eine für das Unternehmen sehr ungewöhnliche, emotionale Art und Weise wird der Aspekt des „Mehr Wert"-Partners für Kunden vermittelt. Aufzählungen von Produkten oder die exakte Dokumentation von Fakten und Technik, wie bisher in Unternehmensdarstellungen üblich, finden nicht statt. Ein Novum, das in jedem Fall eine begleitende Kommunikation erforderte, um eine Akzeptanz des Films bei der Mitarbeiterschaft sicherzustellen.

- **Dialoge:** Mitarbeiterveranstaltungen – so genannte „Mehr Wert"-Dialoge – an elf Standorten boten den Rahmen für einen Gedankenaustausch zwischen Mitarbeitern und Führungskräften, wie die Mehr Wert-Strategie und Ideen in der Praxis am besten umgesetzt werden können. Gefordert wurden von den Teilnehmern bereichsübergreifende Zusammenarbeit mit dem Ziel, Lösungspakete anzubieten, effiziente interne Prozesse für eine schnellere Auftragsbearbeitung oder die Optimierung von Arbeitstools. Es gab aber durchaus auch kritische Fragen nach Aufwand und Nutzen einer solchen Kampagne. Außerdem wurde die Belegschaft auf die große TÜV SÜD-Werbekampagne eingestimmt, mit der sich das Unternehmen ab 2007 zunächst im nationalen Markt positioniert.

Die Resonanz vor, bei und nach den Veranstaltungen bestätigte, dass Verstehen die Grundlage für Identifikation ist. Die Präsentation bei den Dialogen zeigte die Entwicklung zum neuen Claim auf und erklärte damit nicht nur das Wie, sondern vor allem das Warum. Dies hatte einen sehr positiven Effekt auf die Akzeptanz des neuen Markenauftritts. Die Anwesenheit von Vorständen und Geschäftsführern stärkte die Glaubwürdigkeit, betonte die Bedeutung des Themas und sorgte für intensive Diskussionen auf den Veranstaltungen selbst. Zudem konnten die Führungskräfte gleich vor Ort zu geschäftsbereichsspezifischen Fragen Stellung nehmen. Für die Führungskräfte war kein aktiver Part eingeplant – gerade deshalb erhöhten deren Beiträge die Authentizität und Praxisnähe der Veranstaltungen.

Direkt und eher unkonventionell: So wurde auch zu den „Mehr Wert"-Dialogen eingeladen. Die Mitarbeiter wurden in einem Direct Mailing mit einem Flyer angesprochen. Eine zweite Stufe des Einladungsmailings erfolgte an die persönliche E-Mail-Adresse. Die Mitarbeiter sollten sich für einen der Standorte anmelden und konnten bereits im Vorfeld Ideen zum „Mehr Wert"-Thema auf verschiedenen Wegen einreichen. Der Rücklauf machte die Themenaffinität im Unternehmen messbar.

- **Trailer:** Die Veranstaltungen schlossen jeweils mit einem „Mehr Wert"-Trailer.

Der Kurzfilm beantwortete auf amüsante Weise die Fragen „Was ist Mehrwert?" sowie „Wie kann ich Mehrwert schaffen?". Das Feedback war hoch und positiv. Die augenzwinkernde Darstellung eines wichtigen Konzernthemas machte die Marke zu etwas „von nebenan". Die Marke ausschließlich als Prozess oder Wissenschaft in das Unternehmen zu tragen, hätte seine Wirkung bestimmt verfehlt.

- **Spezial:** Die Kommunikationsoffensive wurde im Intranet und in den Mitarbeiterpublikationen TÜV SÜD Inside begleitet, wie beispielsweise durch eine „Inside Spezial" zum Thema „Mehr Wert"-Marke. Damit war eine außergewöhnlich hohe Frequenz der Informationen gewährleistet. Die Zugriffsraten auf das „Mehr Wert"-Forum im Intranet belegen das große Interesse der Mitarbeiter.

- **Poster:** Zur Vorankündigung der elf „Mehr Wert"-Dialoge wurde eine unternehmensweite Posterkampagne initiiert. Die Poster dienten als ein zusätzlicher Spannungsbogen zu den Veranstaltungen. Auf den Plakaten

Abbildung 7: Mitarbeiterkampagnen

waren Mitarbeiterinnen und Mitarbeiter zu sehen und deren persönliche Aussagen zu lesen zum Motto: „Ich schaffe Mehrwert, weil...". Der Charme der Aktion: Sie wurde von Kollegen für Kollegen gemacht und spiegelte authentische Meinungen wider. Die Bereitschaft der Belegschaft, sich an der Kampagne zu beteiligen, war überraschend groß. Als „Mehr Wert"-Botschafter leisteten die Mitarbeiterinnen und Mitarbeiter einen wichtigen Beitrag dazu, dass Strategie und Marke von der Belegschaft verstanden, verinnerlicht und gelebt werden konnten (vgl. Abbildung 7).

- **Marketing:** Die Ergebnisse des Markenbildungsprozesses wurden mit allen Marketingleitern der Konzerngesellschaften diskutiert und in Form einer internen Broschüre als Arbeitsmittel für die Gestaltung von Kommunikationsmitteln und Agenturbriefings zur Verfügung gestellt. Ebenso waren die Marketingabteilungen bei der Suche nach Mitarbeitern für die Posterkampagne eingebunden. Besonders wichtig aber war die direkte Weitergabe der „Mehr Wert"-Strategie an den Vertrieb. Die Verantwortung lag hier bei dem jeweiligen Marketing und wurde auf unterschiedlichen Plattformen und Gremien wahrgenommen. Eine Vernetzung der dezentralen Marketingabteilungen erfolgte in Arbeitskreisen, die das Thema „Mehr Wert" und Marke regelmäßig behandelte und damit einen steten Informationsfluss gewährleistete. In diesem Kreis wurde auch die Entwicklung der externen Werbekampagne begleitet.

- **Erfolgskontrolle:** Durch die Form des Direct Mailings beim Filmversand sowie bei den diversen Einladungen war zum einen bereits sicher gestellt, dass die Botschaft alle Mitarbeiter erreicht. Eine Messbarkeit war gewährleistet durch die Aufforderung zur Anmeldung; durch die Möglichkeit, Ideen vorab einzureichen sowie durch die Einrichtung einer Sonder-E-Mail-Adresse für Fragen und Antworten. Die Teilnahmequote an den „Mehr Wert"-Dialogen an den elf Standorten betrug im Schnitt 35 Prozent. Berücksichtigt man, dass Mitarbeiterveranstaltungen dieser Art bei TÜV SÜD noch nie stattgefunden hatten, ist dies ein sehr zufriedenstellendes Ergebnis. Hinzu kommt, dass die Veranstaltungen nach Arbeitsende freiwillig besucht wurden. Inklusive der Diskussionen vor Ort konnte festgestellt werden, dass etwa jeder vierte in der Kampagne angesprochene Mitarbeiter aktiv einen Hinweis zur „Mehr Wert"-Strategie gegeben hat. Die Sonder-E-Mail-Adresse wird auch noch nach Abschluss der Kampagne für Anregungen, Hinweise und Fragen genutzt.

7.7 Die externe Markenkommunikation: emotional

Bis dato hatte TÜV SÜD keine strategische Werbung betrieben und damit auch keine Markenkommunikation mit dem Ziel der Imagebildung. Die dezentrale Aufstellung mit breitem Portfolio und die extreme Zielgruppendiversität hatten eine stark produkt-/vertriebsunterstützende Kommunikation der Tochtergesellschaften zur Folge. Dabei fanden keine Abstimmungen der einzelnen Aktivitäten und Maßnahmen statt.

Nach dem erfolgreichen Markenrelaunch war eine schnelle Besetzung des „Mehr Wert"-Themas im Wettbewerberumfeld notwendig. TÜV SÜD entschloss sich deshalb zu einer Werbekampagne. Sie richtet sich insbesondere an die Entscheider der Wirtschaft, weil das Industriegeschäft TÜV SÜD das größte Potenzial bietet und die Position als Prozess- und „Mehr Wert"-Partner dort besonders penetriert werden soll (vgl. Abbildung 8).

Abbildung 8: Imageanzeigen

Mit insgesamt neun Motiven werden zielgruppengerechte Medien belegt: Wirtschaftsmagazine und Tageszeitungen sowie entsprechende Online-Titel. Die Positionierung als Prozesspartner, der wirtschaftlichen Mehrwert für seine Kunden schafft, ist Kernbotschaft. Dabei zeigt die Kampagne technische Themen aus ungewohnter Perspektive und sorgt damit für Aufmerksamkeit, da man diese Sprache von einem technischen Dienstleister wie TÜV SÜD nicht erwartet. Petra Simonis Auge, Ilka Diehls Nacken oder Daniel Scheffels Daumen stehen auch in diesem Fall für die Menschen von TÜV SÜD, die für ihre Kunden überall auf der Welt mehr Wert schaffen.

Die Kampagne wurde unter Beteiligung der Marketingverantwortlichen aller Gesellschaften entwickelt. In der Arbeitsgemeinschaft der Marketingverantwortlichen der TÜV SÜD Gruppe wurde in einem ersten Schritt die Kampagnenstrategie diskutiert. Unter der gemeinsam getroffenen Entscheidung, eine übergreifende Dachmarkenkampagne mit Abstrahleffekt auf die operativen Marketingaktivitäten zu realisieren, wurden die Kernbotschaften in Motiv und Text erarbeitet. Damit erhielt die Konzernkampagne eine hohe interne Akzeptanz. Zudem werden alle Kommunikationsmittel auf ihre Kompatibilität mit dem Imageprofil der Marke TÜV SÜD überprüft und entsprechend umgesetzt.

Mit dem Anspruch der integrierten Kommunikation wurde und wird die externe Anzeigenkampagne von PR-Aktivitäten unterstützt und flankiert. Indem sich Vorstände zum Thema Marke gegenüber Schlüsselmedien äußerten und sich mit Journalisten über die Marke TÜV SÜD unterhielten, wurde die Bedeutung des Themas im Konzern weiter unterstrichen. Als Beispiele in punkto Pressekampagne sind zu nennen: Das Jahresabschlussgespräch im Dezember 2006, bei dem aktuelle Konzernzahlen präsentiert wurden. Die ausführliche „Fortsetzung" gab es im April 2007 bei der Bilanzpressekonferenz.

8 Fazit

Das neue Markenprofil erfährt bei der Belegschaft eine sehr hohe Akzeptanz. Die interne Kampagne hatte einen hohen Effekt auf Markenaffinität und -identifikation. Dies belegen die Responsezahlen aus der Teilnahme an den Veranstaltungen sowie aus den Rückmeldungen über die Mailings und die Intranetkommunikation. „Mehr Wert" hat sich als Begriff etabliert. Unter diesem Stichwort wurden weitere Maßnahmen der Markenkommunikation geplant und zum Teil bereits umgesetzt. Die interne Kommunikation ist in der Unternehmenskommunikation mittlerweile fest installiert. Eine Ausweitung über die informative Mitarbeiterkommunikation hinaus, die Fortführung von Mitarbeiter-Dialog-Veranstaltungen und deren inhaltliche und konzeptionelle Weiterentwicklung sind nur einige Ziele. Das Thema Marke wird auch über diese Kanäle weiter getragen. Nach wie vor gibt es die „Mehr Wert"-Adresse für E-Mails, eine Rubrik im Intranet und die Bestellmöglichkeit von Postern.

Die ungewöhnliche, direkte und persönliche Ansprache der Mitarbeiter mit einem Mix aus Autorität und Praxisnähe hat sich bei TÜV SÜD bewährt. Marke und ihre Kommunikation müssen zum Unternehmen passen und damit zielgruppengerecht gestaltet sein. So würde die Markenkommunikation eines amerikanischen Unternehmens die Beschäftigten eines traditionsreichen Dienstleistungsunternehmens wie TÜV SÜD sicherlich nicht erreichen. Die direkte Ansprache der Mitarbeiter hat im Unternehmen zum Teil unerwartete Effekte erzielt. Insbesondere die positive und dem Thema gegenüber äußerst aufgeschlossene Haltung der Mitarbeiter hat beeindruckt. Die durchgeführten Maßnahmen sind das Mindeste, das im internen Markenbildungsprozess investiert werden sollte. Eine „zweite Welle" ist wünschenswert und auch angestrebt. Weitere Schwerpunkte wären zudem unmittelbar in der Kunden-Mitarbeiter-Kommunikation anzusetzen, zum Beispiel vertriebsorientierte Schulungen anzubieten.

Von der internen zur externen Kommunikation: Intensivierte externe Kommunikation durch Werbung und Image-PR signalisierten Markt und Öffentlichkeit den Anspruch, ein wettbewerbsfähiger „Mehr Wert"-Partner zu sein. Ausgehend von der Anfang 2007 gestarteten Werbekampagne wird eine intensivere internationale externe Kommunikation die nächsten Meilensteine bringen – aus Marketing- wie aus PR-Sicht. National wie international: Der Markt erkennt die Rolle von TÜV SÜD als „Mehr Wert"-Partner an und honoriert sie in zunehmendem Maße. Mit seiner „Mehr Wert"-Strategie positioniert sich TÜV SÜD eindeutig und erfolgreich am Markt. Das belegen auch die aktuellen Konzernkennzahlen. „TÜV SÜD schafft mehr Sicherheit und wirtschaftlichen Mehrwert. So stärken wir die Wettbewerbsfähigkeit unserer Kunden weltweit", heißt es in der Unternehmensmission von TÜV SÜD. An diesem Anspruch will sich das Unternehmen immer wieder messen lassen.

Die Autoren

Kristina Wegner

Kristina Wegner leitet das Konzernmarketing von TÜV SÜD und ist unter anderem für die weltweite Umsetzung der Markenstrategie der Unternehmensgruppe zuständig. Zuvor war sie Pressereferentin für das Strategische Geschäftsfeld INDUSTRIE von TÜV SÜD. Nach dem Studium begann sie ihre Laufbahn in der Marketingkommunikation und Pressearbeit in der IT-Branche, unter anderem beim CAD-Hersteller Autodesk.

Rainer Strang

Rainer Strang verantwortet den Konzernbereich Unternehmenskommunikation der TÜV SÜD AG. Der gelernte Redakteur wechselte nach elfjähriger journalistischer Tätigkeit für führende Tageszeitungen in die Presse- und Öffentlichkeitsarbeit renommierter Unternehmen. Unter anderem war er in Managementpositionen für Opel, Ford, TÜV Rheinland und Continental tätig.

Kapitel 4

Interne Markenführung – Bei der Kaufmännischen Krankenkasse ein unternehmensweiter Lernprozess

Ulrike Günther

1 Einleitung

Die interne Markenführung der Kaufmännischen Krankenkasse ist ein Prozess, der nicht nur die Mitarbeiter des Marketings und Vertriebs, sondern alle Mitarbeiter der Organisation betrifft. Dies deshalb, weil die Marke der Kaufmännischen sich nicht nur aus dem externen Erscheinungsbild (Corporate Design, Marketing), sondern ebenso auch aus der Servicementalität der Mitarbeiter speist. Eine Dienstleistungsmarke lebt vom Mitarbeiterverhalten.

Das oberste Ziel der internen Markenbildung wird heute weniger mit Marketing-, sondern vielmehr mit Change-Management-Instrumenten verfolgt, um sicherzustellen, dass die erforderlichen Informationen, aber auch neue Haltungen und Verhaltensweisen bei allen Mitarbeitern ankommen bzw. verinnerlicht werden. Das Marketing wird dabei nicht aus den Augen verloren, denn die Markenbildung ist erst dann erfolgreich, wenn sie vom Markt akzeptiert wird. Solche Veränderungsprozesse brauchen Zeit, um sich in der Organisation durchzusetzen. Sie benötigen Geduld und Werkzeuge, mit Irritationen und Krisen umzugehen.

Der folgende Beitrag schildert den bisher zurückgelegten Weg des Unternehmens von der strategischen Grundlagenarbeit (2000 bis 2002) über die erste Kommunikationsphase (2003) bis zur anschließenden Phase der Trainingsprogramme (2005 bis 2008). Die Trainingsphase mündet heute in die Entwicklung entsprechender Zielvereinbarungssysteme zur Serviceperformance und in regelmäßige Messungen zur Kundenzufriedenheit.

2 Die Strategiephase 2000 bis 2002

Der Markt der gesetzlichen Krankenkassen war und ist aus Sicht der Versicherten weitgehend unübersichtlich und uninteressant. Es ist wichtig, versichert zu sein; gleichzeitig will man mit seiner Krankenkasse in der Regel möglichst wenig zu tun haben. Die Angebote der gesetzlichen Krankenkassen unterscheiden sich in den Augen der Versicherten weitgehend nur durch den Preis (Beitragssatz). Dennoch – außer dem Preis gibt es bei einigen Versicherten auch so etwas wie ein „Vereinsgefühl", das ihre Beziehung zu ihrer Krankenkasse kennzeichnet. „Ich bin bei der ..., wie auch schon mein Vater."

Die Kaufmännische Krankenkasse (KKH) als eine der rund 250 gesetzlichen Krankenkassen in Deutschland agiert in diesem „low interest-Bereich". Sie erbringt für ihre Kunden eine Dienstleistung, die im Gegensatz zu einem

Produkt nicht anfassbar ist. Als Dienstleistungsmarke lebt die KKH von den Menschen, die ihre Leistung erbringen. Das gilt gerade in Situationen, in denen es aus Sicht des Kunden kritisch wird, also beispielsweise bei Beschwerden oder wichtigen Leistungsanfragen sowie vor einem Kassenwechsel. In solchen Momenten entscheidet der direkte Kundenkontakt – sei er persönlich, telefonisch, schriftlich oder elektronisch – ob das Leistungsversprechen der Marke KKH gehalten oder gebrochen wird.

Da die Kaufmännische keine physisch fassbaren Produkte verkauft, muss sie auf Hilfsmittel zurückgreifen, um ihre Leistungen sichtbar und von denen anderer Krankenkassen unterscheidbar zu machen. Solche Hilfsmittel sind beispielsweise Servicezentren (Geschäftsstellen) und Broschüren, Werbegeschenke, der Web-Auftritt und eben auch die Mitarbeiter selbst, die durch ihre Persönlichkeit und ihr Auftreten das Markenbild der Kaufmännischen prägen. Um das Vertrauen von Versicherten und Wechselwilligen zu erwerben, ist es unerlässlich, dass die KKH über alle Dimensionen des Kundenkontakts und der Leistungserbringung ihrem Markenversprechen gerecht wird.

Die Arbeit an der Positionierung der Kaufmännischen hat daher zum Ziel, dem Kunden ein eindeutiges Nutzenversprechen durch die Marke zu kommunizieren. Über die Erfüllung dieses Versprechens will die KKH eine Abkopplung vom Preiswettbewerb im Krankenkassenmarkt sowie eine stärkere Wettbewerbsposition erreichen. Entscheidend dafür ist es, das Markenversprechen konsistent zu gestalten und ihm in der Leistungserbringung gerecht zu werden.

Das Ansinnen, sich klar zu positionieren, war zu Beginn der Arbeit im Jahr 2000 intern durchaus umstritten. Eine klar formulierte Markenidentität existierte nicht. Die Kaufmännische, wie viele andere gesetzlichen Krankenkassen auch, lebte in hohem Maße in der Tradition, eine Kasse für eine bestimmte Berufsgruppe zu sein, deren Mitglieder fast automatisch den Weg zu „ihrer Kasse" fanden. Begriffe wie „Marke" oder „Positionierung" waren ungebräuchlich. Die seit 1993 (Gesundheitsreformgesetz) veränderte Marktsituation durch die Öffnung der Kassen für alle Berufsgruppen wurde mit einer zwar umfassenden, aber wenig zielgerichteten Vertriebsaktivität beantwortet. Unternehmensintern wurde unter Positionierung etwa verstanden, als „Kasse für kaufmännische Angestellte und verwandte Berufe" am Markt zu agieren. Zudem war die Frage des Preises noch bis weit in die 90er Jahre hinein für die Kaufmännische irrelevant. Ihr Preis war günstig, neue Mitglieder leicht zu gewinnen. Die Erkenntnis, dass sich mit dem Ausgang des Jahrhunderts die ökonomische Situation des Unternehmens angesichts jährlich zu erbringender Zahlungen in den Risikostrukturausgleich in dreistelliger Millionenhöhe zusehends verschlechterte, erhöhte den Druck auf die handelnden Personen. Fast parallel zum Beginn des Strategieprojekts „Marktpositionierung" erfolgte ein Generationswechsel an der Unternehmensspitze. Der scheidende Vorstand hatte bereits vorsichtig die strategische Neuausrichtung des Unternehmens initiiert. Der neue Vorstand nahm den Faden auf, entwickelte eigene Ideen und trieb die Neuausrichtung des Unternehmens konsequent voran.

In Bezug auf die zu entwickelnde Marktpositionierung standen Anfang 2000 vor allem folgende Fragen im Mittelpunkt der Arbeit:

- Welche Kundengruppen müssen gezielt gewonnen und gehalten werden?

- Was erwarten die Kunden und was genau muss die Kaufmännische für sie tun?

- Wie muss das Unternehmen dazu auftreten und arbeiten?

Mit Hilfe eines externen Beratungsunternehmens (*The Boston Consulting Group*) arbeitete ein Projektteam aus Marketing- und Vertriebsfachleuten an diesen Fragen.

Die zukünftige **Zielg**ruppe der KKH wurde in einem zweistufigen Prozess identifiziert. Zunächst wurde die *ökonomische Zielgruppe* mithilfe soziodemografischer Daten definiert, deren Profil attraktive Beiträge für die KKH verspricht. Diese Arbeit wurde weitgehend durch interne Datenanalysen gestützt. In einem zweiten Schritt wurde aus dieser ökonomischen Zielgruppe anhand weiterer psychografischer Daten eine *Kernzielgruppe* gewonnen, deren genaue Kenntnis eine bedürfnisgerechte Leistungsgestaltung und Ansprache ermöglicht. Hierzu wurden Marktforschungsinstrumente, vor allem die Arbeit mit Sinus Milieus, zu Hilfe genommen. Die Definition der ökonomischen Zielgruppe mündete in Soll-Vorgaben für das Neukundengeschäft. Die ökonomische Zielgruppe hat somit vor allem für Fragen der Vertriebssteuerung Relevanz und schlägt sich heute auch in der Gestaltung der Incentivierungssysteme für den Vertrieb nieder.

Die im zweiten großen Arbeitsschritt definierte Kernzielgruppe hingegen zeigt im Unterschied zur ökonomischen Zielgruppe, wen die Kaufmännische mit ihrem Leistungsversprechen und ihrer Kommunikation ansprechen möchte. Die Definition der Kernzielgruppe mündete daher in die Ausgestaltung der inhaltlichen Versprechen in den Medien. Für die Positionierung der KKH wurden zunächst in vier Tiefenfokusgruppen Gespräche nach der von *The Boston Consulting Group* geschaffenen MindReflection-

Methode geführt. Diese hatten zum Ziel, die Bedürfnisse der Zielgruppe bezüglich Krankenkassenangeboten zu erforschen. Anschließend wurde, anknüpfend an die identifizierten Bedürfnisstrukturen, eine Positionierung entwickelt, die mithilfe eines relevanten Bedürfnisappells eine Differenzierung im Wettbewerb ermöglicht.

Anders als vielleicht auf den ersten Blick zu erwarten, erfüllte eine Krankenkasse in den Augen der Kernzielgruppe zunächst emotionale, dann soziale und erst an dritter Stelle funktionale Bedürfnisse. Dieses Ergebnis war vor dem Hintergrund weitgehend standardisierter Leistungen aller Kassen zu interpretieren, welche die funktionale Komponente in ihrer Bedeutung minderten. Die Bedürfnishierarchie gab wichtige Hinweise für eine erfolgreiche Positionierungsstrategie, zumal ihre Implikationen bis dahin im Krankenkassenwettbewerb kaum Niederschlag gefunden hatten.

Emotionale Bedürfnisse standen für die Zielgruppe im Vordergrund, vor allem *Schutz* wurde damals von zahlreichen befragten Versicherten als wichtig betont. Eine Krankenkasse sollte ihre Mitglieder im Ernstfall beschützen und ihnen den Rücken stärken. Ebenfalls wichtig war die Sozialfunktion, die von einer Kasse ausgeht. Die Versicherten wünschten sich eine effiziente Kasse, die dennoch den individuellen Problemen ihrer Mitglieder Sorge trägt. Man wollte keinen alles gleichmachenden Mantel der Solidargemeinschaft, sondern die Behandlung nach einem fairen Verursacherprinzip, in dem Subsidiarität und soziale Sicherheit Hand in Hand gehen. Gerade der Aspekt der effizienten – das heißt der wirtschaftlich vernünftig agierenden – Kasse wurde und wird der KKH in besonderer Weise zugetraut, da man in ihrem Namen das kaufmännische Erbe erblickte und ihr ökonomischen Sachverstand zubilligte.

Eine ausdrückliche Absage wurde hingegen einer rein funktionalen Differenzierung (beispielsweise über spezielle Leistungen) erteilt. Zwar erachtete die Zielgruppe funktionale Eigenschaften einer Kasse – gerade in einer segmentgerechten Bündelung – als wichtige Wechselkriterien; eine nur auf funktionalen Aspekten basierende Positionierung greift jedoch zu kurz, weil sie nicht berücksichtigt, dass Kunden eine über die reine Basisleistung hinausgehende Hoffnung in ihre Kasse setzen. Eine Marke wird vom Kunden stets als ein Ganzes empfunden, das in sich stimmig sein muss. Daher bedarf die Gestaltung einer Marke aufeinander abgestimmter emotionaler, sozialer und funktionaler Komponenten. Die schließlich Ende 2001 entwickelte Positionierung der Kaufmännischen verdeutlicht diejenigen Eigenschaften, die die KKH im Vergleich zu ihrer Konkurrenz aus Kundensicht einzigartig machen und ihr eine Alleinstellung im Wettbewerb verleihen. Im

Idealfall kann der Kunde die angestrebte Positionierung der KKH in einem Satz nach dem Muster „Ich vertraue der Kaufmännischen, weil ..." auf den Punkt bringen. Mit der angestrebten Positionierung wird die KKH zur einzigen Kasse im Gesundheitsmarkt, die sich nicht mit dem System abfindet, sondern sich kompromisslos vor ihre Kunden stellt. Sie setzt alle Hebel für ihre Kunden in Bewegung, wenn es darauf ankommt, und besticht ansonsten durch eine schlanke und effiziente Organisation ihrer Aktivitäten.

Die „Kasse als Mitstreiter" („Ich vertraue der Kaufmännischen, weil sie sich im Ernstfall kompromisslos für mich einsetzt.") war aus Kundensicht relevant, noch nicht durch Wettbewerber besetzt und von der damaligen Ist-Position der KKH aus erreichbar, da man der Kaufmännischen die Vereinigung dieser beiden Pole aus der kaufmännischen Tradition zutraute. Die entwickelte Positionierung wurde als eine Unternehmensvision („Markenvision") formuliert. Sie wurde und wird in Form von Powerpoint-Präsentationen im Unternehmen kommuniziert und wurde in einen eigens für die Mitarbeiter produzierten Imagefilm übersetzt (vgl. den folgenden Abschnitt). Die Markenvision ist bis heute Arbeitsgrundlage für das Marketing und gleichzeitig die Grundlage für die unternehmensweite interne Markenführung. Die Kernwerte der Marke sind Servicequalität, aktive Beratung und Betreuung der Kunden und Innovation.

Die für die Analyse- und Konzeptionsphase der Jahre 2000 bis 2002 erforderliche abstrakte Denk- und Arbeitsweise wurde naturgemäß nur wenigen Mitarbeitern des Unternehmens anvertraut, denn das Projektteam arbeitete hoch spezialisiert und mit starker externer Unterstützung. Die daraus resultierenden Veränderungen in der täglichen Arbeit waren nach Abschluss der Strategiephase als einzelne „Überschriften" oder „To Do's" formuliert. Neben der Begeisterung über das Neue („Wir haben klare Checklisten, die wir jetzt abarbeiten müssen!") existierte ein diffuses Unbehagen darüber, was denn dies nun für die tägliche Arbeit im Vertrieb, im Marketing oder gar in anderen Unternehmensbereichen bedeuten könnte. Der Auftrag der externen Berater war beendet, sie waren nicht mehr da und es gab nur wenige oder keine Arbeitsbeispiele und Erfahrungen der vorhandenen Mitarbeiter, die in irgendeiner Art und Weise Aufschluss über Umsetzungsfragen geben konnten. War für den einen die Anforderung „Entwicklung eines der Positionierung entsprechenden Corporate Designs" durchaus klar und die dafür notwendigen Denk- und Arbeitsschritte ungefähr ersichtlich, so war es für andere durchaus unklar und undurchsichtig. Bei der Umsetzung der strategischen Vorgaben zeigten sich wie zu Beginn der Arbeit wieder die ganz unterschiedlichen inneren Haltungen der Beteiligten bzw. sie wurden durch die Übersetzungsversuche in konkretes Handeln erst deutlich. Die

Fähigkeit, in einen gemeinsamen Dialog und gemeinsame Entwicklungsarbeit einzutreten und die verschiedenen Beteiligten einzubinden, war ganz unterschiedlich stark ausgeprägt und führte zu entsprechenden Konflikten und Verzögerungen der Umsetzungsarbeit. Insbesondere der Vertrieb musste sich zusätzlich zur jetzt ausgerufenen Fokussierung auf eine neue, von der alten klar unterscheidbaren ökonomischen Zielgruppe mit einer neuen Aufbauorganisation und mit dem Wechsel von Führungskräften auseinandersetzen.

In dieser Phase boten die Führungskräfte Informationsveranstaltungen an, in denen die Widerstände, Ängste und Befürchtungen ausgesprochen werden konnten, die Einmündung in die Entwicklung gemeinsamer Suchbewegungen und Lösungsideen gelang jedoch eher selten. Dafür fehlten den Führungskräften vielerorts die erforderlichen Fähigkeiten. Die Vertriebsmitarbeiter äußerten Bedenken, ob sie denn die neue Zielgruppe auch wirklich erreichen können und waren unglücklich über ihre neue Arbeitssituation in Home Offices. Bislang hatten sie ihre Büros in den Geschäftsstellen der KKH und befürchteten nun Isolation und Vereinsamung. Weiterhin ist zu berücksichtigen, dass ein großer Teil der Vertriebsmitarbeiter keine originären Verkäufer sind, sondern jahrelang als Geschäftsstellenleiter in der Kundenbetreuung tätig waren. Bis heute sind diese Befürchtungen nicht abschließend bearbeitet.

Insgesamt bestand die Lernkurve der beteiligten Mitarbeiter und Führungskräfte aus Vertrieb und Marketing in diesen zwei Jahren darin, analytische und konzeptionelle Arbeitsweisen kennenzulernen und als Ergebnis eine Vision und eine Strategie mit daraus resultierenden Arbeitsaufgaben zu formulieren.

3   Die Markenworkshops 2003

Nach der Grundlagenarbeit der Jahre 2000 bis 2002 begannen der Vertrieb und das Marketing mit der neuen Zielgruppendefinition und der Positionierung zu arbeiten. Gleichzeitig bestand aus Sicht des Vorstandes die Notwendigkeit, die inhaltlichen Aussagen der Markenvision in das gesamte Unternehmen zu kommunizieren. Über die Art und Weise, wie dies geschehen könnte, herrschte zunächst Unsicherheit. Das Projektteam wurde neu zusammengestellt. Waren in der Strategiephase vor allem Mitarbeiter aus Vertrieb und Marketing beteiligt, wurde jetzt ein Team von vier Mitarbeitern aus Marketing/Öffentlichkeitsarbeit, Vorstandsassistenz und Personalentwicklung gebildet. Die Projektleitung blieb gleich. Dieses Team versuchte zunächst, die Inhalte der Markenvision in Beispiele praktischen Handelns zu übersetzen, löste damit aber bei der Unternehmensführung eher kontroverse Diskussionen über die Inhalte der Markenvision aus. Aus dieser Erfahrung entstand die Idee, die Führungskräfte offensiv in die inhaltliche Diskussion der Markenvision einzubinden und nicht etwa, fertige Lösungen vorzugeben. So schlug das Projektteam dem Vorstand die Durchführung einer Veranstaltung mit der obersten Führungsebene des Unternehmens vor. Ziel sollte sein, die Markenvision ausführlich vorzustellen und intensiv mit den Führungskräften zu diskutieren, sodass nächste Arbeitsschritte vorbereitet werden konnten. Das Projektteam erhielt den Auftrag zur Vorbereitung eines solchen Events. Im Mai 2002 stellte der Vorstand die Markenvision seinen Führungskräften zwei Tage lang ausführlich zur Diskussion und stand Rede und Antwort zum Zukunftsbild des Unternehmens. Die Veranstaltung war eine Mischung aus Verkauf, Talk-Show, Information und Workshoparbeit. Die Führungskräfte waren beeindruckt und forderten, ähnlich überzeugende Veranstaltungen auch für ihre Mitarbeiter durchzuführen. So erhielt das Projektteam den Auftrag, Veranstaltungen für alle Mitarbeiterinnen und Mitarbeiter zu entwickeln.

Die Leitfrage der Entwicklungsarbeit für die Workshops lautete: „Welche Vision hat die Kaufmännische?" Alle rund 4500 Mitarbeiter der Kaufmännischen nahmen im ersten Halbjahr 2003 an Markenworkshops teil. Kernstück der eintägigen Veranstaltungen war ein eigens dafür produzierter Imagefilm, der die Markenvision visuell und auditiv in Szene setzte. Seine Kernbotschaft lautete: Unser Einsatz für den Kunden ist das Wichtigste. Im Anschluss an den Imagefilm dienten Diskussionsrunden der Vertiefung des Gesehenen und gingen der Frage nach: „Was bedeutet die Markenvision für unser tägliches Handeln?" Zur Unterstützung der Diskussion wurden Arbeitsaufgaben eingesetzt. Sie enthielten Fallbeispiele aus der Praxis der verschiedenen Mitarbeitergruppen. So bearbeiteten Vertriebsmitarbeiter andere Fragen als etwa Spezialisten eines Krankenhauszentrums oder Mitarbeiter der Buchhaltung. Die Auseinandersetzung mit der Vision sollte von Anfang an möglichst praxisnah und konkret sein. Gestaltende Arbeit hatte deshalb einen hohen Anteil innerhalb der Workshops. Die Teilnehmer wurden aufgefordert, ihre Eindrücke und Gedanken nicht nur wörtlich, sondern auch in Bildern und Wandzeitungen auszudrücken. Für viele war dies eine völlig neue Erfahrung.

Auch die Führungskräfte übernahmen eine neue Rolle: Sie bereiteten die Workshops vor und moderierten sie. Speziell entwickelte Unterrichtskonzepte und Arbeitsaufgaben sowie Führungskräftetrainings unterstützten die

Interne Markenführung als unternehmensweiter Lernprozess

Manager bei ihrer Aufgabe. Da Moderation für viele ein fremdes Arbeitsgebiet war, begleiteten Mitarbeiter der Personalentwicklung die Führungskräfte. Die Personalentwickler fungierten als Berater, besprachen die Moderationsleitfäden ausführlich mit den Führungskräften und bereiteten sie intensiv auf eventuelle Hürden und Schwierigkeiten im Workshop vor. Auch während der Workshops waren sie als Beobachter anwesend und gaben bei Bedarf anschließend Feedback. Positive Unterstützung und konstruktive, ermutigende Rückmeldungen standen dabei im Vordergrund ihrer Arbeit. Die rund 20 Berater wurden ihrerseits durch das Projektteam in einer speziellen Schulung auf ihre Aufgabe vorbereitet.

Die Trainings der Führungskräfte folgten einem Kaskadenmodell, das heißt, der Vorstand bereitete das Top-Management auf die Workshops vor, das Top-Management (Hauptabteilungsleiter und Landesgeschäftsführer) trainierte wiederum die nächste Führungsebene (Abteilungsleiter, Niederlassungsleiter). Diese dritte Führungsebene moderierte dann die Workshops für die Mitarbeiter und Mitarbeiterinnen. Auf diese Weise zeigte der Vorstand sein persönliches Engagement für die Markenbildung, und das gesamte Management setzte sich ausführlich mit der Markenvision auseinander.

3.1 Ergebnisse

Anschließende schriftliche und telefonische Befragungen zeigten, dass die Markenvision von den Mitarbeitern als erstrebenswertes Ziel akzeptiert wurde („Eine erstrebenswerte Vision", „Klare Linie", „Wir wissen dadurch, wo wir hinwollen"). Der Weg zum konkreten Handeln blieb jedoch noch unklar, da dies die eintägigen Workshops nicht ausreichend leisten konnten. („Wie weit sind wir von der Theorie in die Praxis gesprungen?" „Handeln wir auch so oder haben wir noch zu viele alte Zöpfe?" „Haben wir die Kompetenzen, das auch zu leben?") Die anfängliche Euphorie („Toll, dass so etwas für alle gemacht wird", „Es tut sich was in der KKH.") wich nach einigen Monaten der Ernüchterung („Hat das eigentlich was gebracht?" „Warum können die Mitarbeiter die Markenvision immer noch nicht in verändertes Verhalten umsetzen?"). Aus der Ernüchterung folgte die Forderung nach weiteren Schritten („Wann passiert wieder etwas?" „Das Projekt muss weitermachen."). Die kritischen Töne zeigen die Hürden, aus einer programmatisch formulierten Vision konkrete Verhaltensweisen abzuleiten und diese tatsächlich auch auszuprobieren. Immerhin war die Bereitschaft geweckt, weiterzumachen. Die Frage war nun, wie man von einer kommunizierten Vision zum täglichen Handeln kommt. Anders formuliert: Wie initiiert man Lernprozesse in einer Organisation, die sich in eine bestimmte Richtung verändern will? Wie muss ein Mitarbeiter sich im Alltag verhalten, wenn er im Sinne der Kaufmännischen handelt? Wie können wir ihn dabei unterstützen?

Im Herbst 2003 erhielt das Projektteam den Auftrag, ein Programm zu entwickeln, das sich weniger auf die Herstellung von Akzeptanz und Identifikation als vielmehr deutlicher auf das Arbeitsverhalten der Menschen in der Kaufmännischen konzentrierte. Lautete die Leitfrage der ersten Kommunikationswelle 2003 „Welche Vision hat die Kaufmännische?", so lautete nun die Leitfrage: „Wie handeln wir entsprechend unserer Vision?" Die Zusammensetzung des Projektteams wechselte erneut. Gestalteten vorher insbesondere Mitarbeiter aus dem Marketing die Arbeit, übernahmen nun ausschließlich Mitarbeiter aus der Personalentwicklung Projektaufgaben; die Leitung blieb jedoch erneut konstant. Zudem verpflichtete die Kaufmännische ein externes Beratungsunternehmen (*Dr. Dithmar & Partner Managementberatung*), das sich auf Change Management und Kulturarbeit in Unternehmen spezialisiert hat.

3.2 Programm „Von der Vision zum Handeln"

Der Vorstand war bereit, in einer weiteren, intensiven Auseinandersetzung mit der Markenvision bestimmte Verhaltensqualitäten für die Mitarbeiter der Kaufmännischen abzuleiten und diese als Orientierungsrahmen für das KKH-Mitarbeiterverhalten zu verabschieden. Dies geschah Anfang 2004. Aus den vom Vorstand auf der Grundlage der Markenvision formulierten zwölf Verhaltensqualitäten entwickelte das Projektteam das seit Anfang 2005 laufende Trainingsprogramm „Von der Vision zum Handeln". Es kommuniziert die zwölf Verhaltensweisen schrittweise an alle Mitarbeiter des Unternehmens und macht die Markenvision mit geeigneten Aktionen erlebbar, nachvollziehbar. Jeden Monat wird eine der zwölf Verhaltensqualitäten in einem halbtägigen Kurzworkshop (Kampagne) vermittelt. So handelt die Kampagne „Wir dienen unseren Kunden" beispielsweise von Kundenorientierung. Die Mitarbeiter entwickeln im Rahmen des Workshops ihren „Leitfaden des Dienens", in dem Vereinbarungen zum Umgang mit Besuchern sowie zur Sprache und inneren Haltung beim Bedienen der Kunden festgelegt werden. Die Kampagne „Wir entwickeln Lösungsalternativen" vermittelt Kreativitätstechniken, die Kampagne „Wir sind schnell" handelt von Methoden des Zeitmanagements. Wichtiges Element des Programmzyklus ist der inhaltliche Zusammenhang der zwölf Kampagnen. In den ersten Kampagnen werden Grundlagen der Kommunikation erarbeitet. Nicht nur die kundenorientierte Sprache, sondern auch Regeln einer gelingenden Überzeugung und der Umgang mit Einwänden und schwierigen Gesprächssituationen stehen auf der Tagesordnung. Das zweite Vierteljahr handelt von Fragen der Arbeitsorganisation und thematisiert sorgfältige Vorbereitung, Schnelligkeit und Konsequenz als Tugenden einer dienstleistungsorientierten Arbeitsweise. Die Kommunikation wieder aufgreifend, beschäftigt sich das dritte Vierteljahr mit Lösungsorientierung und Kreativität, Konfliktlösung und Verhandlungstechniken.

Das abschließende vierte Quartal hebt auf den Umgang miteinander ab. Wie kann Bürokratie sinnvoll genutzt werden, wo sind aber auch Grenzen? Wie denken und handeln wir abteilungs- und bereichsübergreifend? Wie gehen wir mit unseren Fehlern um?

In den Workshops entwickeln die Mitarbeiter eigene Ideen, wie sie die geforderten Verhaltensqualitäten in ihrem eigenen Verhalten berücksichtigen wollen.

Im Januar 2005 starteten zunächst die Servicezentren der Kaufmännischen mit dem Programm. Im September folgten die Regionalzentren und im Januar 2006 die Kompetenzzentren. 2007 laufen Programme für den Vertrieb und für die Hauptverwaltung. Dabei bleiben die zwölf Themen jeweils im Mittelpunkt der Programmanlage, die Reihenfolge der Kampagnen, die Methoden, Aufgaben und Fallbeispiele variieren jedoch je nach den Arbeitsinhalten der jeweiligen Zielgruppe. Erneut werden die Workshops von den Führungskräften der Kaufmännischen moderiert. Zur Unterstützung erhalten sie für jede der zwölf Kampagnen einen komplett ausformulierten Moderationsleitfaden mit Arbeitsmaterial. Zu Programmbeginn und dann in vierteljährlichem Abstand finden Schulungsveranstaltungen bzw. Erfahrungsaustausche statt. Sie dienen der Vorbereitung der jeweils nächsten Kampagnenthemen und gleichzeitig dem Erfahrungsaustausch. Zu einem großen Teil sind sie gleichzeitig Moderations- und Kommunikationstrainings, denn bei der Durchführung der Kampagnen sind moderieren, Feedback geben und nehmen sowie empfängerorientiertes sprechen ganz wichtige Fähigkeiten. Das Projektteam stellt den Führungskräften jeweils einen Vorschlag zur Gestaltung dieser Erfahrungsaustausche zur Verfügung.

Die Markenvision zielt auf Selbstverantwortung und Kreativität, denn Innovation und Querdenken setzen persönliches Engagement voraus und brauchen die Entfaltung eigenen Denkens und Handelns. Die Entfaltung eigenen Denkens und Handelns im Sinne der Markenvision funktioniert jedoch nicht „mechanistisch" per Verhaltensanweisung; vielmehr wird sie erst durch Selbstreflexion und gezieltes Training der geforderten Verhaltensqualitäten Teil des eigenen Verhaltens. Deshalb ist die Programmphilosophie ganz klar der Befähigung und der Förderung von Eigenverantwortlichkeit gewidmet. Das Projektteam tritt in den Schulungsveranstaltungen und Erfahrungsaustauschen überwiegend in einer Gast- bzw. Beobachterfunktion auf. Die Organisation, Vorbereitung und Durchführung der zwölf Kampagnen wird komplett der Führungsmannschaft überlassen. Berater sind nur noch punktuell dabei. Dennoch besteht Kontakt zwischen Durchführenden und Projektteam. Regelmäßige Telefonate und persönliche Gespräche in und am Rande der Schulungsveranstaltungen liefern dem Projektteam wertvolle Hinweise über die Situation der Mitarbeiter und Führungskräfte. Die Informationen aus diesem „Monitoring" werden im Projektteam reflektiert, verdichtet, interpretiert und regelmäßig in Form von Vorschlägen zur Gestaltung der Workshops und Erfahrungsaustausche an die Führungskräfte und Mitarbeiter gespiegelt. So entstehen Kommunikationsprozesse innerhalb des Kommunikationsprozesses. Sie haben sich als ganz wichtiges Erfolgskriterium herausgestellt und bilden für Führungskräfte und Mitarbeiter gleichzeitig ein Beispiel kundenorientierter Kommunikation.

Das Programm soll die nachhaltige Veränderung von Gewohnheiten anstoßen. Bisherige Gewohnheiten sollen verlernt und neue, im Sinne der Markenvision wichtige Gewohnheiten gelernt werden. Dies wird durch die Programmlaufzeit über einen langen Zeitraum von zwölf Monaten unterstützt. Veränderung von Gewohnheiten braucht Zeit. Darüber hinaus benötigt Lernen Regelmäßigkeit, daher der monatliche Veranstaltungsrhythmus. Die Ankoppelung an den Alltag, ohne den Nachhaltigkeit nicht zu sichern wäre, wird durch die praxisbezogenen Arbeitsaufgaben hergestellt. Die Arbeitsaufgaben vertrauen auf die Eigeninitiative der Mitarbeiter und Mitarbeiterinnen, denn Lernen braucht inneres Engagement und liegt letztlich in der Verantwortlichkeit jedes Einzelnen, nicht aber des Trainers oder Lehrers. Der Transfer neuer Gewohnheiten in verschiedene Situationen des Alltags wird durch die Wiederholung einzelner Lerninhalte in unterschiedlichen Zusammenhängen unterstützt. Rückkoppelungsschleifen, wie die gegenseitige Beobachtung, die erneuten Kurzbesprechungen zur Überprüfung und zum Erfahrungsaustausch kontrollieren die Lernerfolge. Und schließlich geschieht nachhaltiges Lernen auch durch Vorbilder. Die Führungskräfte sind als Moderatoren verantwortliche Gestalter des Veränderungsprozesses.

Mit ihrem Verhalten zeigen sie „die Marke". Sie engagieren sich und handeln vorausschauend, in dem sie sich intensiv auf die Veranstaltungen vorbereiten, sie suchen in den Veranstaltungen gemeinsam mit ihren Mitarbeitern nach unterschiedlichen Lösungswegen, sie sind stärker sensibilisiert, die Gedankenwelt ihrer Mitarbeiter zu berücksichtigen und sprechen und handeln dadurch empfängerorientierter. Es werden also keine fertigen Rollenmodelle geliefert. „Mit Rollenmodellen wird zwar die Wahrscheinlichkeit für schnelles Neulernen durch Imitation und Identifikation erhöht, zugleich aber riskiert, dass Menschen Dinge lernen, die nicht richtig zu ihrer Persönlichkeit passen, und dass sie aufgegeben werden, sobald die Rollenmodelle nicht mehr verfügbar sind. Mit anderen Worten, Imitation und Identifikation bieten eine schnelle, aber nicht notwendigerweise dauerhafte Lösung." (Schein, 2005, S. 256)

Das Lernen mit Versuch und Irrtum ist eine viel langsamere Lernmethode und wird durch das absichtliche Zurückhalten von Ratschlägen, Vorschlägen, Rollenmodellen oder anderen Hinweisen, was zu tun ist, angeregt. Die Lernenden entwickeln ihre eigenen Lösungen, und so wird eher sichergestellt, dass alles, was gelernt wird, zu der Persönlichkeit und der Gruppe passt. „Das Suchen ist folglich eine langsamere und möglicherweise schmerzhaftere Art zu lernen, aber es erhöht die Wahrscheinlichkeit langfristig stabiler Gewohnheiten." (Schein, 2005, S. 256)

3.3 Bisherige Ergebnisse

Die Rückmeldungen aus den Servicezentren während des Programms zeigten, dass die Workshoparbeit sowohl von den Mitarbeiterinnen und Mitarbeitern als auch von den Führungskräften als klärend und hilfreich empfunden wurde. „Die Markenvision ist auf der Erde angekommen." Das Programm forderte allerdings überdurchschnittlichen Einsatz und Engagement. Die Führungskräfte leisteten umfangreiche Vorbereitungen und Moderationsaufgaben, die Mitarbeiter waren durch Arbeitsaufgaben und Übungen zwischen den einzelnen Veranstaltungen gefordert. Neben positiven Bewertungen gab es auch kritische Stimmen, etwa: „Das machen wir doch schon immer so", „Muss denn dieser Aufwand sein? Wir wissen es doch eigentlich", „Es wiederholt sich einiges."

Nach Abschluss des Programms sagen die Mitarbeiterinnen und Mitarbeiter der Servicezentren heute, dass sich viel verändert habe, insbesondere die Zusammenarbeit im Team sei besser geworden. Die Führungskräfte berichten über ihren persönlichen Entwicklungsweg („Ich arbeite heute ganz anders als vor einem Jahr", „Wir geben uns viel mehr Feedback untereinander", „Ich habe gelernt, zu beobachten und führe Mitarbeitergespräche ganz anders.")

Viele Teams arbeiten jetzt selbstständig weiter, indem sie einzelne Workshops wiederholen, sich erneut zusammensetzen und sich fragen: „Was von dem, was wir uns vorgenommen haben, machen wir jetzt noch? Was wollen wir noch verändern?" Die Moderation wird zunehmend auch für Routinebesprechungen genutzt. Der Austausch auf Leiterebene hat sich verändert. Lösungsorientiertes Arbeiten, der konstruktive Umgang mit Konflikten und insgesamt eine eher zupackende, aktive Haltung machen sich Schritt für Schritt breit.

Aus Sicht des Projektteams sind die Ergebnisse in den Regionalzentren und den Kompetenzzentren nicht ganz so positiv. Äußerungen wie etwa „Das ist für uns gar nicht so relevant" zeigen, dass das Programm möglicherweise weniger genau an die Bedürfnisse dieser Mitarbeitergruppen angepasst war. Die Rückmeldung „Ich hätte mir noch mehr Unterstützung gewünscht" weist das Projektteam darauf hin, dass das Monitoring und die Begleitung dieser Kollegen hätte noch sorgfältiger sein können. Offensichtlich zeigten sich im Projektteam gewisse Ermüdungserscheinungen in Bezug auf Beharrlichkeit und Sorgfalt in der Begleitung. Dennoch zeigt sich in anderen Arbeitszusammenhängen, dass die Führungskräfte schrittweise lernen, Foren zu schaffen, in denen die Widerstände, Ängste und Befürchtungen offen ausgesprochen werden können. Der Austausch von Meinungen zwischen Servicezentren und Regionalzentren wird zunehmend aktiv eingefordert.

Heute bereitet das Projektteam Trainingsprogramme für den Vertrieb und für die Hauptverwaltung vor. Um die Zusammenarbeit und das Zusammengehörigkeitsgefühl der räumlich voneinander entfernt arbeitenden Verkäufer zu stärken, enthalten die Workshops für den Vertrieb mehr Vernetzungsinitiativen, die das Lernen voneinander und miteinander anregen. Ein besonderer Fokus dieses Workshop-Programms liegt damit auf dem Gedanken der kollegialen Vernetzung.

Während die Kundenorientierung in den Servicezentren selbstverständliche Haltung war, die nur konkretisiert und verstärkt werden musste, besteht in der Hauptverwaltung durchaus zwar eine Einsicht in die Notwendigkeit von Kundenorientierung, allerdings müsste sich diese noch stärker in den Gewohnheiten, Haltungen und Einstellungen abbilden. Anders formuliert: Die Erhöhung der externen Kundenzufriedenheit als Ziel der Markenworkshops bedeutete für die Mitarbeiter und Mitarbeiterinnen der Service-

zentren „mehr vom Gleichen", das heißt, die schon vorhandene Kunden-
und Serviceorientierung wurde optimiert.

Viel schwerer ist es für die Mitarbeiter der Hauptverwaltung, die nicht in
direktem Kundenkontakt stehen. Hier heißt das Motto der Workshops eher
„mehr vom Anderen" – nämlich zu lernen, dass externe Kundenorientierung in direktem Zusammenhang zu der internen Serviceorientierung steht.
Somit muss für die Hauptverwaltung ein regelrechter Paradigmenwechsel
erfolgen, ganz nach dem Motto „der Kunde sitzt nebenan." Das Programm
zur internen Markenbildung wird für die Hauptverwaltung deshalb so angepasst, dass die Reflexion über den Kundenbegriff und die Serviceorientierung im Mittelpunkt stehen. Somit erfährt das ursprünglich für die Niederlassungen konzipierte Programm in Bezug auf die Hauptverwaltung deut-
liche Veränderungen. Neben der inhaltlichen Veränderung erfolgt auch die
Organisation etwas anders. Die Führungskräfte der Hauptverwaltung werden direkt durch professionelle Moderatoren des Projektteams geschult.

4 Der Blick zurück zum Kunden

Parallel zur Vorbereitung des Vertriebs- und Hauptverwaltungsprogramms
läuft heute eine erneute Phase strategischer Arbeit. 2006 beauftragte die
Kaufmännische TNS Infratest mit der Messung der aktuellen Positionierung und Markenstärke der Kaufmännischen. Hiermit sollte überprüft
werden, inwieweit die bisherigen Bemühungen zur Marktpositionierung
der KKH sich in der Wahrnehmung der Kunden widerspiegeln. Nehmen
die Kunden die Dimensionen wahr, in welchen sich die KKH profilieren
möchte? Die Ergebnisse der Studie zeigen, dass die Ausrichtung der KKH
an Servicequalität, Beratung und Innovation auch heute die Bedürfnisse der
Versicherten und der Neukunden trifft. Die wichtigsten versteckten Chancen zur Steigerung der Markenstärke sind: Differenzierung über Angebote
(und Services), die andere Krankenkassen nicht haben, sowie das Ausfüllen
einer für die Versicherten wahrnehmbaren Akteursrolle: die „aktive Beratung und Begleitung statt reiner Kostenübernahme". Die Akteursrolle zeigt
einen direkten Bezug zum emotionalen Bedürfnis nach Schutz, das bei der
Befragung der Kernzielgruppe 2001 schon eine Rolle spielte. Die Studie
bestätigt die Richtung der bisherigen Arbeit.

In einer weiteren Studie wurde 2006 die Serviceperformance der einzelnen
Servicezentren gemessen und die Grundlage für die Etablierung eines Ziel-
vereinbarungssystems zur Servicequalität geschaffen. Ende 2006 wurden

die ersten Serviceziele vereinbart, zu deren Erreichung die in den Markenworkshops trainierten Verhaltensweisen benötigt werden. So wird an die Inhalte der Trainingsprogramme durch klare Zielvereinbarungen immer wieder erinnert und die Einhaltung der Verhaltensstandards der Marke eingefordert. Kundenbefragungen und die dazugehörigen Zielvereinbarungen werden zukünftig jährlich fortgeschrieben.

5 Schlussbetrachtung

Die bisherigen Resultate führen wir vor allem auf das Umschalten der Arbeit vom Marketingdenken auf das Denken in Change-Management-Strukturen zurück. Aus der Irritation 2003 – „Warum können die Mitarbeiter die Markenvision auch nach diesen tollen Initialworkshops einfach nicht umsetzen?" wuchs die Erkenntnis, dass tatsächlich ein tief greifender Lernprozess organisiert werden muss. Um dies zu etablieren, ist allerdings nicht ein möglicherweise noch schönerer Imagefilm nötig, sondern etwas anderes. Nicht mehr von dem Gleichen, sondern mehr vom Anderen. Aber: die Change-Prozesse dürfen das Marketing nicht aus den Augen verlieren. Denn das oberste Ziel ist die Markenbildung mit der Frage: Wie setzt man eine Markenvision auf der Verhaltens- und Einstellungsebene um? Als hilfreich erweist sich, dass das Projektteam als Schnittstelle zwischen Markenvision und Mitarbeiterorientierung, als Brückenkopf zwischen Marketing und Change Management agiert. Es wird darauf geachtet, dass stets sowohl Marketingverständnis als auch Fähigkeiten des Change Management vorhanden sind (gepaart mit äußerst stringentem Projektmanagement). Ein Schlüsselproblem des Programms war der holperige Übergang von der Strategie- zur Umsetzungsphase mit der aus heutiger Sicht nach wie vor bestehenden Gefahr, dass die Strategie nur begrenzt wirklich integriert wird. Weiterhin gestalten zwar stets Mitarbeiter der Personalentwicklung die Entwicklung und Begleitung der Trainingsprogramme, dennoch entwickeln sich immer wieder Konflikte mit der Personalentwicklung, deren Management den zunehmenden Einsatz von Change-Management-Instrumenten als Konkurrenz zur eigenen Arbeit ansieht. Durch beharrliches Einbinden und miteinander reden wird versucht, diese Krisensituationen immer wieder zu meistern.

Senge (Senge, 2000, S. 70) beobachtet, dass „... viele Manager ... mit der Aufgabe (ringen), wesentliche Veränderungen in einer bestimmten Größenordnung durchzusetzen. Auf das Konzept einer Pilotgruppe reagieren sie häufig ungeduldig." Dies ist auch unsere Erfahrung, denn ein wesentlicher Erfolgsfaktor des Projekts ist die durchgehende, absolute und geduldige Unterstützung des Vorstands, und zwar jahrelang. Ein weiteres Plus ist das in den Phasen externer Begleitung gelungene, „professionell-aufmerksame Verbinden von Fach- und Prozessberatung, kombiniert mit einem partnerschaftlichen Verbinden von externer und interner Beratung" (*Sutrich, Schindlbeck*, 2005, S. 270). Die Mischung von in- und externer Perspektive und professioneller Reflexion trägt unserer Meinung nach entscheidend zu nachhaltig besserer fachlicher Arbeit bei.

Der lange Atem und der Wille zum beharrlichen Kraftaufwand sind ein weiteres Muss, denn tiefgreifende Veränderungsprozesse brauchen Zeit, sich in der Organisation durchzusetzen. Doch Zeit sollte man für markengetriebene Veränderungsprozesse mitbringen (*Vierling-Huang*, 2000, S. 95): „Eine Veränderung der Kultur braucht doppelt so lang, wie man erwartet."

Bisher haben wir uns auf die verstärkenden Prozesse der internen Markenführung konzentriert. Einer gelungenen Identifikationsphase mit der Markenvision folgte die Konkretion durch die Trainingsphase und die Sicherung der Nachhaltigkeit durch Zielvereinbarungen. Spätestens jetzt müssen wir uns auch mit den beschränkenden Prozessen befassen, die tiefgreifende Veränderungen gestalten ähnlich dem Gärtner, der in erster Linie verstehen muss, welche Grenzen dem Wachstum seiner Pflanzen gesetzt sind. Was also könnte die bisherigen Resultate in Frage stellen? Was könnte den Elan und die Freude mindern? Ein mögliches Hemmnis könnte die bislang aus sozialpolitischen und finanziellen Gründen eher zurückhaltend forcierte externe Markenkommunikation sein. Die Anziehungskraft einer Marke speist sich vor allem auch aus Bekanntheitsgrad und Marktanteilen. Die Aufgabe des Marketings besteht aktuell jetzt darin, am Bekanntheitsgrad der Kaufmännischen zu arbeiten.

Die Kaufmännische Krankenkasse ist eine gesetzliche Krankenversicherung. Die rund 2 Millionen Versicherten werden flächendeckend in allen 16 Bundesländern durch 113 Servicezentren betreut. Hier erfolgen die persönliche Beratung der Versicherten vor Ort oder am Telefon sowie die Bearbeitung einfacher Anfragen. Die Sachbearbeitung (Bearbeitung von Anträgen, Leistungsgewährung) ist in insgesamt 29 Regionalzentren angesiedelt, von denen jedes mehrere Servicezentren bedient. Neben den Regionalzentren betreuen spezialisierte Kompetenzzentren die Bearbeitung von Anträgen für Hilfsmittel, Krankenhausleistungen und Regressforderungen. Die Kaufmännische hat ihren Hauptsitz in Hannover und ist die viertgrößte bundesweite Krankenkasse in Deutschland.

Literatur

Günther, U. (2006): Wie man eine Marke erdet. absatzwirtschaft 4, S. 44–46

Schein, E.H. (2005): Modelle und Tools für Stabilität und Veränderung in menschlichen Systemen. In Fatzer, G.: Gute Beratung von Organisationen, EHP – Verlag, Bergisch Gladbach, S. 243–268

Sutrich, O., Schindlbeck, U. (2005): Es gibt viel zu tun – wer packt mit an? In Fatzer, G.: Gute Beratung von Organisationen, EHP – Verlag, Bergisch Gladbach, S. 269–301

Senge, P. (2000): Wie man tiefgreifende Veränderungen ins Rollen bringt. In: P. Senge (Hrsg.): The Dance of Change. Signum Verlag, Wien, Hamburg, S. 49–70

Vierling-Huang, J. (2000): Kultureller Wandel bei General Electric. In: P. Senge (Hrsg.): The Dance of Change. Signum Verlag, Wien, Hamburg, S. 87–96

Die Autorin

Dr. Ulrike Günther

Dr. Ulrike Günther ist Leiterin der internen Markenkommunikation bei der Kaufmännischen Krankenkasse. Zuvor war sie Vorstandsreferentin des Unternehmens. Die Kaufmännische Krankenkasse betreut als gesetzliche Krankenkasse rund zwei Millionen Versicherte und ist die viertgrößte bundesweite Krankenkasse.

Kapitel 5

Hotel Atlantic Kempinski – Von Eichhörnchen, Bibern und Wildgänsen

Sebastian Heinemann, Oliver Winter

1   Das Hotel Atlantic Kempinski

Das einzige, wirklich existierende Grandhotel in Deutschland – so könnte die Kurzbeschreibung des Hotel Atlantic Kempinski (im Folgenden nur noch Hotel Atlantic genannt) lauten. Doch was ist ein Grandhotel? Die Definition hierfür ist nicht einfach und auch nicht eindeutig, allerdings könnte es an folgenden Dingen festgemacht werden:

- Zum einen ist es die Größe des Hotels an sich. Mit 252 Zimmern, 438 Betten, 14 Veranstaltungsräumen und 210 Mitarbeitern kann das Hotel Atlantic als groß bezeichnet werden.

- Ein Grandhotel sollte zudem großzügige Zimmer und Suiten aufweisen, die Deckenhöhe ist hier ein wichtiges Indiz. Die Zimmer des Atlantic Hotels haben eine Deckenhöhe von 4 Metern, der Festsaal, einer der schönsten Säle deutschlandweit, weist sogar eine Deckenhöhe von 9 Metern auf.

- Dass ein Grandhotel zudem 5 Sterne und eine gesteigerte Servicequalität aufweisen sollte, leuchtet ein.

Ein wesentliches Merkmal eines Grandhotels ist aber dessen Historie und damit auch die des Gebäudes an sich. In dieser Hinsicht unterscheidet sich das Hotel Atlantic von vielen anderen Hotels, dessen Gebäude die Jahrzehnte nahezu unbeschadet überstanden hat. Diese Historie verschafft einem Hotel eine unnachahmliche Atmosphäre, die durch die vielen Ereignisse, aber auch die persönlichen Erlebnisse der Gäste entsteht. Diese Atmosphäre bietet ein enormes Differenzierungspotenzial und lebt in den Mauern des Gebäudes (die „innere Patina"). Insofern kann man auch vom „nicht anfassbaren Luxus" sprechen, der im Gegensatz zum „anfassbaren Luxus" wie technische Annehmlichkeiten in einem Hotel, nicht einfach nachzuahmen ist und mit der Historie eines Hotels und seinen Mitarbeitern wächst. Und davon kann das Hotel Atlantic eine ganze Menge aufweisen.

Die Geschichte des Hotel Atlantic nimmt mit der Eröffnung am 2. Mai 1909 seinen Anfang, zu der nur die exklusivste Gesellschaft Hamburgs geladen war. Schon damals zeichnete sich ab, dass die Geschichte des Hotel Atlantic (auch als „Weißes Schloss an der Alster" bekannt) untrennbar mit der Geschichte und dem gesellschaftlichen Leben der Hansestadt verbunden sein würde.Das Hotel Atlantic machte bewegte Zeiten durch, überstand die Wirren des 1. und 2. Weltkrieges sowie die Weltwirtschaftskrise 1929 und ist über die Jahrzehnte eine Institution in Hamburg geworden, die viele große Veranstaltungen durchgeführt und vielen berühmten Persönlichkeiten und Staatsmännern als Residenz gedient hat.

Von Eichhörnchen, Bibern und Wildgänsen

Tradition, gepaart mit zukunftsweisendem Denken im Dienst der Gäste, bleibt für die Mitarbeiter die wesentliche Richtlinie. Dabei ist es den Mitarbeitern über die Jahrzehnte gelungen, das Hotel Atlantic jung zu halten und ihm rund um die Welt einen guten Ruf zu verleihen. Dies sieht man auch an der Reihe von Auszeichnungen, auf die das Hotel Atlantic zurückblicken kann: So belegte es bei der Leserumfrage des „Business Traveller" schon einige Male den ersten Platz in der Kategorie „Bestes Einzelhotel für Geschäftsreisende in Deutschland". Auszeichnungen im Jahre 1997 zum „Beliebtesten Hotel Deutschlands" und Platz 1 beim „Capital"-Ranking der besten Hotels Europas folgten. Im November 1999 konnte mit dem „Five Star Diamond Award" zudem einer der angesehensten und begehrtesten Preise in der internationalen Top-Hotellerie gewonnen werden.

Seit 1957 gehört das Hotel Atlantic zur Kempinski Aktiengesellschaft. Die Gesellschaft hat es sich zur Aufgabe gemacht, Kempinski Hotels in den bedeutendsten Städten der Welt aufzubauen. Dabei baut die Gesellschaft auf starke Hotelmarken, die in ihrem eigenen Markt etabliert sind und gut zu dem eigenen Portfolio passen. Das Hotel Atlantic wird seit der Zugehörigkeit zu den Kempinski Hotels als Hotel Atlantic Kempinski geführt, wobei der Namenszusatz „Kempinski" in der Wahrnehmung der Hanseaten aufgrund der langen Historie eher eine untergeordnete Rolle spielt. Ein Taxifahrer wird so immer wissen, wie er zum Hotel Atlantic fahren muss, verlangt ein Fahrgast aber zum Hotel Kempinski gefahren zu werden, wird er nur fragende Blicke vom Taxifahrer ernten.

Nichtsdestotrotz ist die Zugehörigkeit zur Hotelgruppe Kempinski für das Hotel Atlantic wichtig: Kempinski in seiner heutigen Form wurde 1897 als Hotelbetriebs-Aktiengesellschaft in Berlin gegründet und ist die älteste Luxushotelgruppe Europas. Mit Häusern wie dem *Adlon* in Berlin, dem *Taschenbergpalais* in Dresden, dem *Vier Jahreszeiten* in München, aber auch dem *Ciragan Palace Hotel* in Istanbul und dem Hotel *Baltschug* in Moskau vereint Kempinski eine Auswahl von Fünf-Sterne-Hotels, welche sich durch ihren ganz speziellen, individuellen Charakter auszeichnen. Das Hotel Atlantic ist zudem in Marketingaktivitäten der Hotelgruppe eingebunden und an das weltweite Reservierungssystem angeschlossen.

2 Ausgangssituation und Zielsetzung

Nun darf zu Recht die Frage gestellt werden, warum überhaupt Veränderungen beim Hotel Atlantic anvisiert wurden, da das Hotel offensichtlich auf Erfolgskurs war. Auch wenn die beiden „grand old Ladies" unter Hamburgs Hotels, nämlich das *Raffles Hotel Vier Jahreszeiten* und das Hotel Atlantic, oft gemeinsam auftraten und den Ruf der Hanseaten als kosmopolitische Gastgeber mehrten, bestand zwischen den beiden Häusern doch stets ein Verhältnis gesunder Konkurrenz. Beide Häuser waren ähnlich ausgerichtet, wobei das Hotel Atlantic größer und immer auch ein wenig jünger war.

1989 wurde das *Hotel Vier Jahreszeiten* an die japanische *Aoki Cooperation* verkauft, ein wenig des alten Glanzes ging verloren. In dieser Zeit hätte das Hotel Atlantic sich entscheidend von seinem Hauptkonkurrenten absetzen können, das Management ließ diese Chance aber ungenutzt. Im Jahr 1997 ging das *Hotel Vier Jahreszeiten* in den Besitz des *Raffles International Limited* mit Sitz in Singapur über. Mit den beiden Namen „Raffles" und „Vier Jahreszeiten" kamen zwei Markennamen zusammen, die sich gegenseitig stützten und zueinander passten. Der alte Glanz war wieder vorhanden, der Hauptkonkurrent fand zu alter Größe zurück.

Die interne Situation im Hotel Atlantic gab immer größeren Anlass zur Unzufriedenheit. Geplante Veränderungen scheiterten an der Veränderungsresistenz der Belegschaft, die sich einer ungesunden Tradition verpflichtet fühlte. Zudem erschwerten starre Organisationsstrukturen und eine typische Top-down-Situation das schnelle Reagieren auf Veränderungen. Entscheidungen wurden in der Regel immer nur auf oberster Ebene getroffen, die unteren Ebenen beschränkten sich auf die Ausführung. Die Mitarbeiter fühlten sich demnach für Entscheidungen nicht verantwortlich, die mangelnde Entscheidungskompetenz sorgte zudem dafür, dass notwendige Entscheidungen auf den unteren Ebenen bis nach oben durchgereicht wurden, und das Hotel dadurch lähmte. Die Mitarbeiter fühlten sich aufgrund der Veränderungsbemühungen orientierungslos, für sie war eine klare Richtung nicht erkennbar. Fragen wie „Was sollen wir machen?" oder „Wo wollen wir hin?" waren typische Reaktionen der Belegschaft.

Mit Erscheinen des neuen geschäftsführenden Direktors Ende 2001 sollte sich das ändern. Im ersten Jahr behutsam, ab 2003 dann mit voller Kraft und einer beinahe komplett ausgetauschten Führungsmannschaft. Der neue Direktor gab damals folgendes Credo aus: „Wir wollen die Nr. 1 in Deutschland als Veranstaltungshotel werden. Der Fokus soll dabei nicht allein auf der Hardware (anfassbarer Luxus), sondern auch auf der Software (nicht anfassbarer Luxus) liegen." Die Mitarbeiter, als Initiatoren für nicht anfassbaren Luxus, sollten eigenverantwortlich handeln und sich innerhalb bestimmter Grenzen frei bewegen und entscheiden können.

3 Die drei Grundsätze der „gelebten Führung"

Das im Jahr 2003 initiierte Veränderungsprojekt sollte zu einer Neuaus-richtung des Hotels führen und eine neue Führungs- und Managementkul-tur implementieren, welche jedem Mitarbeiter die Chance gab, im Sinne eines partizipativen Managements seine Ideen einzubringen und das Hotel in eine erfolgreiche Zukunft zu führen.

Hierbei gab es zwei zentrale Ansatzpunkte:

- Jeder Mitarbeiter sollte sich aus eigener Motivation heraus als persön-licher Gastgeber fühlen, mit dem festen Willen, dem Gast einen exzellen-ten Service zu bieten (Gastgeber-Effekt).

- Das Hotel Atlantic sollte ein traditionelles, aber auch zugleich modernes Hotel sein. Hierzu sollte zum einen die Hardware des Hotels (anfassbarer Luxus) im Spannungsfeld zwischen Tradition und Modernität verändert werden. Die Software (nicht anfassbarer Luxus) im Sinne eines exzellen-ten Services, den die sich als Gastgeber verstehenden Mitarbeiter leisten, sollte zudem bewerkstelligen, dass sich bei fortschreitender Modernität alle Generationen im Hotel Atlantic wohlfühlen.

Das Hotel Atlantic baute auf drei Grundsätze der „Gelebten Führung", die als Grundlage für den unternehmerischen Erfolg betrachtet wurden:

- **Werte und Spielregeln**
  Aus gemeinsam festgelegten Unternehmenswerten ergeben sich die Spiel-regeln für den täglichen Umgang miteinander.

- **Persönliche Beziehungen**
  Gemeinsames Erleben und Feiern, außerbetriebliche Aktivitäten und das Wissen um Vorlieben, Abneigungen sowie das Einbeziehen der Le-benspartner tragen wesentlich zur Vertrauens- und Teambildung inner-halb des Hotels bei.

- **Alles Unternehmer!**
  Jeder Mitarbeiter leistet durch Proaktivität und Eigenverantwortung seinen Beitrag zum Erfolg des Unternehmens.

Zur Implementierung dieser Grundsätze gelebter Führung dienten die Managementmethoden „Funky Business" von Kjell Nordström, „Gung Ho!" von Ken Blanchard und die „20-70-10-Regel" von Jack Welch. Im Folgenden werden diese drei Managementmethoden beschrieben, und es wird aufgezeigt, wie diese als Säulen geholfen haben, die Grundsätze ge-lebter Führung im Sinne der Marke Hotel Atlantic zu verankern.

4 Stolz auf das eigene Unternehmen

„Langeweile – die Todesursache Nummer 1 für ein Unternehmen." Dies ist eine zentrale Aussage der Managementmethode „Funky Business". Denn dort, wo es langweilig ist, wollen die guten Leute nicht arbeiten und die Kunden nichts kaufen. Ein Unternehmen sollte also nach neuen Wegen suchen, die Aufmerksamkeit der Kunden zu erregen und nach neuen Formen des Umgangs mit den Mitarbeitern suchen. Differenzierung lautet also das Schlagwort. „Funky Business" fordert eine konstante Suche nach Unterscheidungsmerkmalen. Ein möglicher Weg dabei ist, ständig momentane Monopole zu schaffen, um auf dem heutigen Markt bestehen zu können. Durch diese Monopole sollte Aufmerksamkeit erzeugt und Emotionen bei Gästen und Mitarbeitern geschaffen werden. Monopole, die im Hotel Atlantic geschaffen wurden, sind unter anderem:

■ **BMW Suite**
Gemeinsam mit der BMW Group Niederlassung Hamburg wurde Ende des Jahres 2002 als eine Weltpremiere die neue BMW Suite vorgestellt. In einer mehrwöchigen Umbauphase entstand eine einzigartige Suite, die weltweit für Furore gesorgt hat. Für die Suite wurde ein stimmiges Gesamtkonzept realisiert, welches die bestehende Grandhotel-Architektur mit hohen, stuckverzierten Decken und hochwertigen, an die Welt der Luxusautomobile erinnernden Materialien sowie Licht und Design der BMW Limousinen (insbesondere des 7er-BMW) verbindet.

■ **Sven Büttner von den „Jungen Wilden"**
Sven Büttner wurde am 1. Juni 2003 neuer Küchenchef im Atlantic Restaurant und war gleichzeitig für den gesamten à-la-carte-Bereich verantwortlich. Er ist Mitglieder der viel beachten Köche-Vereinigung „Die Jungen Wilden" mit dem Motto „Anders. Jünger. Wilder." Sven Büttner bietet eine experimentelle, junge Küche mit ungewöhnlichen Kreationen (zum Beispiel Suppen in Reagenzgläsern, Dessert am Ballon) und gilt als Garant für das gelungene Miteinander von Moderne und Klassik. Er schafft den durchaus gewagten Spagat zwischen „wilder Küche" und bewährter Tradition.

■ **PrivateMax**
Im November 2004 wurde mit dem PrivateMax das erste Privatkino in einem deutschen Hotel eröffnet. Dieses Kino bietet Filmgenuss für bis zu acht Zuschauer und steht einem modernen Multiplex-Kinocenter kaum nach.

Von Eichhörnchen, Bibern und Wildgänsen

Diese und andere Monopole haben in der Hotelbranche immer noch Bestand und üben eine Faszination auf Gäste und Mitarbeiter aus. Gerade diese Faszination schafft Stolz auf das eigene Hotel bei den Mitarbeitern, der für die Gäste unmittelbar spürbar ist.

„Funky Business", in Zusammenhang mit anderen Managementmethoden, die noch später erläutert werden, bewirkt aber auch eine ganz neue Definition des täglichen Umgangs miteinander. Mitarbeiter sollten auf neue Art motiviert werden, und es sollten neue Wege gefunden werden, Mitarbeiter zu beurteilen, zu belohnen, auszubilden, zu inspirieren und zu führen. Dabei ist auch ein gewisser Freiraum nötig, den kluge Köpfe für neue und spannende Ideen brauchen – denn kreative Mitarbeiter „lassen das Kapital tanzen". Eine durchaus berechtige Forderung von „Funky Business" – stellen doch (zuletzt) die Mitarbeiter das größte Potenzial für ein Grandhotel dar, da sich insbesondere durch sie die Marke Hotel Atlantic nach außen manifestiert.

5 Werte und Spielregeln für ein partizipatives Management

Eine zentrale Zielstellung bei der Neuausrichtung des Hotels war, unternehmerisches Denken bei den Mitarbeitern zu etablieren. Jeder Mitarbeiter sollte sich selber als Unternehmer betrachten und eigenverantwortlich nach Wegen suchen, den Erfolg des Hotel Atlantic voranzutreiben. Hierbei musste allerdings ein klar begrenzter Aufgaben- und Verantwortungsbereich geschaffen und die Freiheit eingeräumt werden, sich in diesem Bereich nach den Spielregeln frei in Richtung Erfolg bewegen zu können.

Für das Hotel Atlantic bedeutete es, eine neue Personalarbeit einzuführen und ein partizipatives Führungskonzept umzusetzen. Helfen sollte hierbei „Gung Ho!", eine Managementmethode, die von Ken Blanchard in Zusammenarbeit mit Sheldon Bowles entwickelt wurde (nicht zu verwechseln mit den Gung-Ho-Gruppen von Scientology!).

5.1 Wovon handelt „Gung Ho!"?

Das „Gung Ho!"-Modell beinhaltet drei zentrale Prinzipien, die darauf abzielen, eine Organisation mit produktiven, begeisterten Mitarbeitern zu schaffen. Diese drei Prinzipien der Unternehmensführung tragen folgende Namen:

- Der Geist des Eichhörnchens – sinnvolle Arbeit.
- Der Weg des Bibers – selbst bestimmen, wie das Ziel zu erreichen ist.
- Das Geschenk der Gans – andere enthusiastisch anfeuern.

Blanchard und Bowles beschreiben anhand einer angeblich wahren Geschichte diese einfachen wie wirksamen Prinzipien, mit denen man Mitarbeiter begeistert und zu Höchstleistungen motiviert. Diese Geschichte handelt von einer jungen Geschäftsführerin, die ein unrentables Unternehmen binnen kürzester Zeit aus der Verlustzone führen sollte. In dem Unternehmen herrschte Routine, Lethargie und Pessimismus. Die gesamte Belegschaft schien sich mit dem Untergang schon abgefunden zu haben. Wie sollte einer solchen angstgelähmten Belegschaft also ein neuer Geist eingeflößt werden? Die Geschäftsführerin fand heraus, dass eine Abteilung hochprofitabel arbeitete und wendete sich an den Abteilungsleiter. Dieser Manager war indianischer Herkunft und erklärte ihr das vom Vater vererbte Geheimnis – „Gung Ho!" – auf sehr unkonventionelle Art und Weise, nämlich durch Beobachtung der Natur. Die Managerin war begeistert, führte „Gung Ho!" im gesamten Betrieb ein, schaffte den Turnaround und machte das Unternehmen in relativ kurzer Zeit hoch profitabel.

5.2 Eichhörnchen, Biber und Gänse als Vorbilder für ein neues Miteinander

Das Hotel Atlantic machte sich die drei Prinzipien „Der Geist des Eichhörnchens", „Der Weg des Bibers" und „Das Geschenk der Gans" zunutze, um Unternehmenswerte einzuführen, aus denen sich Spielregeln für den täglichen Umgang miteinander ableiten ließen und die als Orientierung für alle Mitarbeiter dienten.

Das sagt uns „Gung Ho!" über den „Geist des Eichhörnchens":

Eichhörnchen sammeln in guten Zeiten für schlechte Zeiten. Eichhörnchen arbeiten sehr hart dafür, da es sich beim Sammeln von Nüssen um eine sehr wertvolle Arbeit handelt. Denn ohne das Sammeln von Nüssen würden sie den Winter nicht überleben. Dabei sammeln sie Nüsse nicht nur für sich selbst, sondern für die gesamte Gemeinschaft.
Vom Geist des Eichhörnchens lassen sich drei Dinge ableiten:

- Jeder Mitarbeiter muss erkennen, wie wichtig seine Arbeit für das gemeinsame Ganze ist.
- Dazu brauchen sie ein gemeinsames Ziel, auf das sie hinarbeiten können.
- Es sind bestimmte Werte festzulegen, nach denen sich alle Pläne, Entscheidungen und Aktionen richten. Diese Werte sollen bei der Zielerreichung Sinn stiften und für eine positive Einstellung sorgen.

Das sagt uns „Gung Ho!" über den „Weg des Bibers":

Biber bauen in der Natur unermüdlich am Aufbau ihres Dammes, wobei es keinen eindeutigen Auftraggeber gibt und jeder Biber sein eigener Boss ist. Es entsteht dabei aber kein totales Chaos, da die Biber in ihrem selbst geschaffenen Biotop nach bestimmten einzuhaltenden Regeln leben und in diesem vorgegebenen Rahmen ihre Freiheiten ausleben dürfen. Sie respektieren einander und teilen alle Informationen, die nötig sind, um den Damm aufzubauen.

Vom Weg des Bibers lassen sich drei Dinge ableiten:

- Jeder Mitarbeiter muss ein klares Verständnis darüber haben, welche Bestimmung ein Unternehmen hat und welche Rolle jedem Einzelnen dabei zukommt.

- In einer Organisation müssen die Mitarbeiter sich gegenseitig unterstützen, respektieren und alle Informationen teilen, die für die Verrichtung der Arbeit notwendig sind.

- Jeder Mitarbeiter soll seine Freiheiten in einem vorgegebenen Rahmen ausleben und selbst bestimmen, wie er vorgegebene Ziele erreichen will. Denn nur durch diese Selbstbestimmung werden sie ihre Potenziale voll ausschöpfen können. Bei der Zielvorgabe ist allerdings darauf zu achten, dass Ziele weder unter- noch überfordernd sind und sich somit ein Working Flow einstellen kann.

Entsprechend dieser Prinzipien wurde im Hotel Atlantic jedem Mitarbeiter durch Gespräche und einer gezielten Informationspolitik verdeutlicht, welchen tieferen Sinn die eigene Tätigkeit hat (zum Beispiel Wichtigkeit des Geschirrspülens oder Zimmeraufräumens) und welche Bedeutung diese für die Marke Hotel Atlantic besitzt. Zudem wurde eine Vision geschaffen, die festschrieb, wo das Hotel in Zukunft stehen will. Ein Auszug: *„Unser Haus ist ein Hotel der Spitzenklasse mit dem Ziel, durch originelle Konzepte das beste und einzigartige Grandhotel Europas und Ort hochkarätiger Veranstaltungen zu sein. Wir sind vor allem Gastgeber, die ein traditionelles Unternehmen in einem historischen Gebäude durch professionelles Handeln, hervorragende Kommunikation und modernste Technik ins 21. Jahrhundert bringen wird. (...)"*. Um diese Vision zu stützen, sollten unveränderliche Unternehmenswerte geschaffen werden, aus denen sich Spielregeln für den täglichen Umgang miteinander ableiten ließen.

Diese Unternehmenswerte wurden 2003 in einem zweitägigen Workshop mit der gesamten Führungsmannschaft (14 Führungskräfte) erarbeitet und ein Mission Statement daraus abgeleitet (vgl. Abbildung 1). Dieses wurde 2005 von einem neuen Mission Statement abgelöst, das bis heute (2007) Gültigkeit haben sollte.

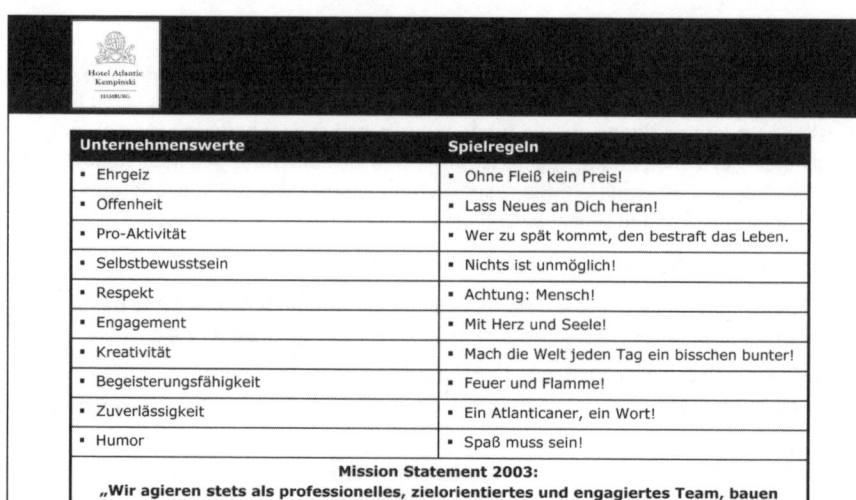

Unternehmenswerte	Spielregeln
• Ehrgeiz	• Ohne Fleiß kein Preis!
• Offenheit	• Lass Neues an Dich heran!
• Pro-Aktivität	• Wer zu spät kommt, den bestraft das Leben.
• Selbstbewusstsein	• Nichts ist unmöglich!
• Respekt	• Achtung: Mensch!
• Engagement	• Mit Herz und Seele!
• Kreativität	• Mach die Welt jeden Tag ein bisschen bunter!
• Begeisterungsfähigkeit	• Feuer und Flamme!
• Zuverlässigkeit	• Ein Atlanticaner, ein Wort!
• Humor	• Spaß muss sein!

Mission Statement 2003:
„Wir agieren stets als professionelles, zielorientiertes und engagiertes Team, bauen persönliche Beziehungen auf, übertreffen die Gästeerwartungen und sichern somit dauerhaft unser aller Erfolg."

Mission Statement ab 2005:
„Gemeinsam erschaffen wir eine einzigartige Welt, in der wir Träume erfüllen"

Abbildung 1: Unternehmenswerte, Spielregeln und Mission Statement des Hotel Atlantic

Das Mission Statement unterstreicht die Einzigartigkeit des Hotel Atlantic und dient als Werkzeug, das jedem Mitarbeiter die Richtlinien vorgibt, die das Unternehmen innerhalb von zwölf Monaten steuern soll. Das Mission Statement unterstreicht den Anspruch des Hotels, die Erwartungen der Gäste und der Mitarbeiter (!) nicht nur zu erfüllen, sondern zu übertreffen und damit Träume wahr zu machen. Das Mission Statement gibt der Marke Hotel Atlantic ein Gesicht. Die Unternehmenswerte in Verbindung mit dem Mission Statement wurden als Basis des gemeinsamen Erfolges verstanden, der sich in der Verbesserung des betriebswirtschaftlichen Ergebnisses und in größerer Mitarbeiterzufriedenheit ausdrücken sollte.

Nachdem im März 2003 auf einem Mitarbeiterfest die Unternehmenswerte und Spielregeln präsentiert worden waren, diente die „Kick-off"-Party 2004 als Rahmen für die Nacherzählung der „Gung Ho!"-Geschichte. Der Vertriebsleiter des Hotel Atlantic fungierte als Geschichtenerzähler, ausgewählte Führungskräfte stellen die Szenen der Geschichte in Tierkostümen nach. Das Ganze wurde durch den Einsatz von Musik und dem Projizieren der Unternehmenswerte untermalt.

Auf den Mitarbeiterversammlungen wurde die Verbindlichkeit der Unternehmenswerte und Spielregeln betont, aber auch zu eigenverantwortlichem Handeln inspiriert. Die Mitarbeiter sollten verstehen, dass sie ihre Freiheiten in einem vorgegebenen Rahmen ausleben dürfen, aber auch die Verantwortung dafür tragen, ihr höchstes Arbeitspotenzial abzurufen.

Die Werte und Spielregeln waren ab diesem Tage für alle Mitarbeiter als sogenannter „Atlantic Spirit" verbindlich und spiegelte damit die Identität der Marke Hotel Atlantic wider. Zudem wurde an jeden Mitarbeiter eine Plastikkarte verteilt, auf der die Unternehmenswerte schriftlich fixiert waren. Ab diesem Zeitpunkt musste jeder Mitarbeiter diese Plastikkarte immer mit sich führen und auf Verlangen einer Führungskraft vorzeigen. Führte ein Mitarbeiter die Karte nicht mit sich, wurde er dazu aufgefordert, sie unverzüglich zu holen und vorzuzeigen. Bei Verlust der Karte konnte sich der Mitarbeiter eine neue in der Personalabteilung holen, wobei diese nicht mehr kostenlos war, sondern gegen eine Gebühr von 5 Euro erhältlich war. Damit sollte gewährleistet werden, dass die Unternehmenswerte allgegenwärtig waren. Während der Geist des Eichhörnchens und der Weg des Bibers die Unternehmenswerte und das Verständnis für diese liefern sollen, dient das Geschenk der Gans dazu, Commitment für die eigene Marke zu schaffen und die Unternehmenswerte zum Leben zu erwecken. Bildlich gesprochen, liefern Eichhörnchen und Biber den Zündfunken, die Gans entfacht das Feuer.

Das sagt uns „Gung Ho!" über „Das Geschenk der Gans":

Gänse veranstalten während des Fluges eine Menge Lärm und schnattern sich dabei gegenseitig an. In der v-förmigen Flugformation gibt es keine Leitgans. Jede muss mal nach vorne fliegen, und alle feuern sich während des Fluges gegenseitig an.

Vom Geschenk der Gans lassen sich drei Dinge ableiten:

- Lob und Anerkennung sind für die Mitarbeiter wichtig. Sie sollten aber echt sein, rechtzeitig und vorbehaltlos erfolgen und Enthusiasmus auslösen. Damit soll eine klare Nachricht vermittelt werden: „Du bist gut. Du kannst das. Ich traue dir." Dabei erfolgt das Loben, im Sinne von Anfeuern, nicht nur durch die Führungskräfte, sondern durch alle Mitarbeiter.

- Es sollten Möglichkeiten zum Feiern geschaffen werden als Anerkennung für erzielte Erfolge und geleistete Fortschritte. Die Anerkennung motiviert die Mitarbeiter, weiterhin auf ihre Ziele hinzuarbeiten.

- Enthusiasmus entsteht nur aus dem Zusammenspiel von fairer Bezahlung und Lob. Die materiellen Bedürfnisse müssen zuerst befriedigt werden, bevor sich den spirituellen Bedürfnissen gewidmet werden kann.

Das gegenseitige Anfeuern sollte dafür sorgen, dass die Unternehmenswerte aus eigener Motivation gelebt werden und sich die Mitarbeiter, im Sinne der Marke Hotel Atlantic, ein markenkonformes Verhalten an den Tag legen. Gleichzeitig sollte damit ein Teamspirit erzeugt werden, der Enthusiasmus für die eigene Arbeit auslöst. Im Hotel Atlantic wurde dieses Prinzip beispielsweise mit den sogenannte „Gänsekarten" umgesetzt. Die Gänsekarten sind kleine Kärtchen, die von jedem Mitarbeiter ausgefüllt werden können. So lässt es sich zum Beispiel festhalten, wenn ein anderer Mitarbeiter eine Sache außergewöhnlich gut gemacht hat, die nicht unbedingt zu seiner unmittelbaren Arbeit gehört. Oder es lässt sich festhalten, dass ein Mitarbeiter die Unternehmenswerte in einer bestimmten Situation in außergewöhnlicher Art und Weise gelebt hat bzw. der Marke Hotel Atlantic in besonderer Weise gut getan hat. Diese Karten haben also den Zweck, sich gegenseitig anzufeuern. Der gelobte Mitarbeiter erfährt zudem, von wem das Lob kommt und fördert in dieser Hinsicht den gegenseitigen Respekt und den Teamspirit. Durch das Lob erhält der Mitarbeiter einen Punkt auf seinem Punktekonto. Diese Punkte können später gegen bestimmte Sachpreise eingelöst werden.

Alle drei Tierbilder und ihre Bedeutung nach „Gung Ho!" werden auch zugrundegelegt, wenn es um die Auszubildenden geht, die einmal jährlich eine gemeinsame Studienreise unternehmen. Das jeweilige Ziel, das Thema sowie damit zusammenhängende Aufgaben und Fragen werden vorgegeben. Die Finanzierung, die Art der Transportmittel und die Unterkunft sowie das Programm am Reiseziel liegen in der Eigenregie der Auszubildenden. Begonnen wurde 2002 mit dem Ziel Paris und dem Schwerpunktthema Großmarkt und Champagner. 2003 folgten die Destination München und die Themen Bier und Tischkultur. Viel über „Deutschen Wein und die deutsche Kurhotellerie" lernten die jungen Menschen 2004 im Rheingau, während Europapolitik, der Vergleich zwischen Brüsseler und venezianischer Spitze sowie das belgische Bier 2005 in Brüssel auf dem Programm standen. In Sachsens Hauptstadt schließlich widmeten sich die angehenden Hotelfachleute und Köche dem berühmten Dresdner Christstollen, den sächsischen Weinen und Meißner Porzellan. Um die Finanzierung zu sichern, lassen sich die jüngsten Atlantic-Mitarbeiter einiges einfallen. So werden Azubi-Bälle organisiert, für die das Haus den Festsaal und die Logistik zu Verfügung stellt, Caterings durchgeführt oder die Bezahlung für Überstunden direkt in die Azubikasse abgeführt.

Von Eichhörnchen, Bibern und Wildgänsen

5.3 Be it or leave it! – Der Umgang mit den Werten und Spielregeln

Mit den drei Prinzipien von Gung Ho führte das Hotel Atlantic eine neue Führungs-, Management- und Servicekultur ein. Um sicherzustellen, dass die Unternehmenswerte und Spielregeln auch in Zukunft gelebt und eingehalten werden, wurden zudem flankierende HR-Aktivitäten eingeführt.

So wird bereits im Einstellungsgespräch die Passgenauigkeit des Bewerbers mit den Unternehmens- und Markenwerten durch klar definierte Fragen überprüft. Damit wird im Vorfeld sichergestellt, dass Bewerber mit einem hohen Fit zur Marke Hotel Atlantic rekrutiert und selektiert werden. Für neu eingestellte Mitarbeiter wird ein so genannter Orientierungstag durchgeführt, an dem die drei Säulen der gelebten Führung, die Unternehmenswerte und Spielregeln vermittelt werden.

Mit den Hotelangestellten werden jährliche Mitarbeitergespräche geführt, in denen eine Mitarbeiterbeurteilung durchgeführt wird, wobei das Commitment mit den Unternehmenswerten und der Marke eine erhebliche Rolle spielt. Für das Hotel Atlantic ist das Leben der Unternehmenswerte hierbei wichtiger als die fachliche Kompetenz des Mitarbeiters (Verhältnis 60:40). Bei diesen Mitarbeitergesprächen findet die „20-70-10-Regel" von Jack Welch als dritte Managementmethode Anwendung, wobei sich danach auch die Förderung und Entlohnung der Mitarbeiter richtet. Die Regel besagt, dass in einem Unternehmen die besten 20 Prozent der Mitarbeiter belohnt (sie pushen ein Unternehmen nach vorne), die 70 Prozent in der Mitte (sie sind das Rückgrat des Unternehmens) bestmöglich gefordert und gefördert, die schwächsten 10 Prozent (die ewigen Neinsager) dagegen entlassen werden sollten. Im Mitarbeitergespräch wird jedem Mitarbeiter des Hotel Atlantic seine Zugehörigkeit zur jeweiligen Gruppe verdeutlicht, wobei nach einem allen Mitarbeitern bekannten Kriterienkatalog vorgegangen wird:

- Wer die Unternehmenswerte nicht lebt, gehört zu den 10 Prozent. Diesen wird nahegelegt, das Hotel zu verlassen.

- Zu den 70 Prozent gehört, wer die Unternehmenswerte konsequent lebt.

- Zu den 20 Prozent gehört, wer die Unternehmenswerte lebt, diese permanent an andere Mitarbeiter kommuniziert und selbsteingebrachte Ideen umsetzt. Ideen, die das Hotel Atlantic voranbringen, können im Rahmen eines Vorschlagswesens von jedem Mitarbeiter eingebracht werden. Diese Ideen werden durch ein Mitarbeiterkomitee auf Sinnhaftigkeit und Umsetzbarkeit geprüft. Bei einem positiven Bescheid kann die Idee umgesetzt werden. Sofern ein Mitarbeiter innerhalb eines Jahres zwei seiner Ideen selbst umsetzen konnte, erhält er einen Bonus.

6 Projektergebnisse

Wie hat sich nun dieser Prozess ausgewirkt? Gab es wirkliche Veränderungen auf der Mitarbeiterseite? Welche Folgen zog dieser Veränderungsprozess nach sich? Und nicht zuletzt, wie wirkte sich die Neuausrichtung finanziell für das Hotel Atlantic aus?

Im Rahmen der Neuausrichtung des Hotels wurde eine völlig neue Personalarbeit begonnen und ein partizipatives Führungskonzept implementiert. Aufgrund dieser massiven Veränderungen kamen einige Mitarbeiter, aber auch Führungskräfte nicht mit dem Richtungswechsel klar und begegneten den Veränderungsmaßnahmen mit großer Skepsis. Die Folge war, dass einige Mitarbeiter das Hotel im Laufe der Veränderung verließen. Doch für die Belegschaft, die sich den Veränderungen stellte und dem Hotel die Stange hielt, hatte die Neuausrichtung positive Folgen. So zeigten Mitarbeiterbefragungen eine steigende Zufriedenheit mit der Arbeit auf. Zu Beginn der Neuausrichtung wurde im März 2003 eine erste schriftliche Mitarbeiterbefragung durchgeführt (und damit die erste Befragung überhaupt in der Geschichte des Hotel Atlantic). Die Auswertung mit dem Betriebsrat ergab Folgendes: Fast 60 Prozent der Mitarbeiter waren zufrieden mit ihrem Arbeitsplatz, die Teilnahmequote lag bei 44 Prozent. Bereits sechs Monate später wurde diese Mitarbeiterbefragung wiederholt und zeigte eine wesentlich gestiegene Mitarbeiterzufriedenheit bei gleichzeitig erhöhter Teilnahmequote auf. Diese Tendenz setzte sich in den weiteren Jahren fort (vgl. Abbildung 2).

Die neue Führungsphilosophie machte sich auch nach außen bemerkbar: So wurde das Hotel von Gästen angesprochen, die eine Veränderung wahrgenommen hatten. Es kam zu einer wachsenden Nachfrage von Rotary-Clubs, Berufs- und Hotelfachschulen, Wissen zum Thema Führungs- und Servicekultur vermittelt zu bekommen, welches das Hotel Atlantic in dem Prozess der Neuausrichtung gesammelt hatte. Im November 2005 bat ein großes Hamburger Krankenhaus, das von einer öffentlichen in eine private Trägerschaft übergegangen war, um Input zum Thema Servicekultur. Dies war so erfolgreich, dass dem Hotel Atlantic ein Beratervertrag angeboten wurde. Dies war nicht das Kerngeschäft des Hotels, gab aber den Impuls

	Teilnahme	Zufriedenheit
März 2003	44,00 %	59,50 %
Oktober 2003	50,09 %	68,75 %
Mai 2005	74,00 %	67,00 %
Dezember 2006	66,00%	72,85 %

Abbildung 2: Mitarbeiterbefragung

zur Gründung der Atlantic Akademie im Februar 2006. Seitdem berät die Akademie andere Unternehmen bei der Einführung einer neuen Führungs- und Servicekultur und nimmt die daraus resultierende Schulung der Mitarbeiter vor. Die Atlantic Akademie stellt damit ein weiteres momentanes Monopol des Hotels dar (s. Funky Business).

Auch als Arbeitgebermarke ist das Hotel auf dem Arbeitsmarkt attraktiver geworden. So erhöhte sich die Zahl der Bewerbungen um einen Ausbildungsplatz von 2000 auf 4500 innerhalb von drei Jahren. Eine Zahl, die bei insgesamt 40 zu vergebenden Ausbildungsplätzen geradezu enorm ist.

Aber auch finanziell wirkte sich die Neuausrichtung des Hotels in sehr positiver Weise aus: So konnte der Umsatz von 2003 bis 2006 um fast 18 Prozent gesteigert werden, der operative Gewinn dabei sogar um fast 40 Prozent.

Und zu guter Letzt wurde das Hotel Atlantic im September 2006 als erstes deutsches Grandhotel für gesichertes Qualitätsmanagement nach DIN EN ISO 9001:2000 zertifiziert. Ziel des Qualitätsmanagementsystems war und ist die Standardisierung von Abläufen mit einhergehender Sicherstellung kontinuierlicher Qualität, die Verbesserung abteilungsübergreifender Kommunikation, die Steigerung der Kunden- und Gästezufriedenheit sowie mittelfristig die Verbesserung des wirtschaftlichen Ergebnisses. Jede Abteilung hatte in diesem Prozess einen wichtigen Beitrag dazu geleistet, diese Ziele zu erreichen. Dieser Erfolg wurde auch gemäß dem Grundgedanken von „Gung Ho!" intern kräftig gefeiert.

7 Erfolgsfaktoren

Im Hotel Atlantic gelang es, innerhalb von vier Jahren eine lebendige Organisation zu schaffen, ohne die Tradition über Bord zu werfen. Rückblickend lassen sich folgende Erfolgsfaktoren identifizieren, die für das Gelingen der Neuausrichtung entscheidend waren:

- Die Unternehmenskultur ist ausschlaggebend für den Erfolg. Eine Unternehmenskultur muss vorhanden sein, da nur aus ihr heraus eine Servicekultur entstehen kann. Diese Kultur muss durch einen klar definierten Führungskreis im Unternehmen geschaffen werden.

- Die gesamte Führungsmannschaft muss geschlossen hinter den Veränderungen stehen, da diese für die Umsetzung extrem wichtig sind. Das Management muss an einem Strang ziehen, Grabenkämpfe müssen um jeden Preis vermieden werden.

- Es muss eine Vision geben, die festschreibt, wo das Unternehmen in einem definierten Zeitraum stehen soll. Die Vision muss den Mitarbeitern auf allen Ebenen der Hierarchie präsent gemacht werden.

- Es ist ein starkes Markenleitbild zu entwerfen und es sind unveränderliche Marken- bzw. Unternehmenswerte zu schaffen, die im Unternehmen gelebt werden. Diese Werte müssen auch bestehen bleiben, wenn die Führung wechselt.

- Neu eingeführte Führungsprinzipien und Unternehmenswerte müssen permanent kommuniziert werden. Die Führungskräfte müssen mit ihren Mitarbeitern ständig über die Unternehmens- bzw. Markenwerte und Spielregeln sprechen, deren Wichtigkeit aufzeigen und mit gutem Beispiel vorangehen. Ebenso sollten Bereiche im Unternehmen aufgezeigt werden, in denen die Unternehmens- bzw. Markenwerte bereits gelebt werden.

- Im Zuge der stetigen Weiterentwicklung eines Unternehmens ist das Mission Statement alle zwölf Monate infrage zu stellen und zu überprüfen.

Von Eichhörnchen, Bibern und Wildgänsen

Die Autoren

Sebastian Heinemann

Sebastian Heinemann ist seit 1. November 2001 Geschäftsführender Direktor des Hotel Atlantic Kempinski Hamburg. 1909 als Grandhotel für die First-Class-Passagiere berühmter Luxusliner eröffnet, ist es eines von weltweit über 60 Kempinski Hotels. Nach beruflichen Management-Positionen im In- und Ausland war Sebastian Heinemann vor seinem Wechsel an die Alster Geschäftsführender Gesellschafter im Schloss Reinhartshausen, Eltville-Erbach.

Oliver Winter

Oliver Winter ist Senior Consultant bei der TNT akademie Gesellschaft für Training und Personalentwicklung mbH. Zuvor war er bei Monteverdi als Senior Consultant tätig, einer Unternehmensberatung für ganzheitliche Markenführung (360°-Branding) bei Dienstleistungen und erklärungsbedürftigen Produkten.

Literaturverzeichnis

Folgende Bücher und Herausgeberwerke waren neben vielen weiteren Fachartikeln und Case Studies für die Entstehung des vorliegenden Buches von besonderer Bedeutung:

Aaker, D. (1996): „Building strong brands", New York.

Belz, Chr. (2006): Spannung Marke - Markenführung für komplexe Unternehmen, Thexis, Wiesbaden.

Brandmeyer, K. / Deichsel, A. (1991): Die magische Gestalt: Die Marke im Zeitalter der Massenware, Marketing Journal, Hamburg.

Brandmeyer, K. (2002): „Achtung Marke", Die Stern Bibliothek, Hamburg.

Brandsboard, unter anderem Gutjahr, G. (2005): Neue Ansätze in Markenforschung und Markenführung, Beilage zum Fachmagazin planung & analyse, 3/2005.

Bruhn, M. (2001): Die zunehmende Bedeutung von Dienstleistungsmarken, in: Erfolgsfaktor Marke.

Domizlaff, H. (2005): Die Gewinnung des öffentlichen Vertrauens. Ein Lehrbuch der Markentechnik, Marketing Journal, Hamburg (hrsg. von Disch, W.).

Esch, F.-R. / Tomczak, T. / Kernstock, J. / Langner, T. (2006): Corporate Brand Management – Marken als Anker strategischer Führung von Unternehmen, Wiesbaden.

Kotter, J. / Rathgeber, H. (2006): Das Pinguin-Prinzip. Wie Veränderung zum Erfolg führt, München.

Meffert, H. / Burmann, Chr. / Koers, M. (Hrsg.) (2005): Markenmanagement – Identitätsorientierte Markenführung und praktische Umsetzung, Wiesbaden.

Schmidt, K. (2003): Inclusive Branding. Methoden, Strategien und Prozesse für eine ganzheitliche Markenführung, Köln.

Wichert, Chr. (2005): Die Logik der Marke – Wie Sie systematisch Markenhöchstleistungen erzielen, Wiesbaden.

Der Herausgeber

Dr. Holger J. Schmidt

Dr. Holger J. Schmidt, Jahrgang 1969, ist Geschäftsführer der TNT akademie Gesellschaft für Training und Personalentwicklung mbH, einer Tochter der TNT Express GmbH. Zudem übernimmt er strategische Aufgaben bei der TNT Express und der TNT Innight GmbH & Co. KG. Zuvor war er viele Jahre als Berater tätig, unter anderem mit dem von ihm gegründeten Unternehmen Monteverdi, einer Unternehmensberatung für ganzheitliche Markenführung (360°-Branding) bei Dienstleistungen und erklärungsbedürftigen Produkten.

Fotografie: Stefan Blume, Worms

Kontakt:
Dr. Holger J. Schmidt
holger.schmidt@tnt.de

Für Ihren Verkaufserfolg

Verkaufen on the Top!

Die allerbegehrteste und allerwichtigste Zielgruppe im Vertrieb sind zweifellos die Top-Entscheider im Unternehmen. Sie zu gewinnen und zu überzeugen ist letztlich das Ziel jedes Verkaufsprozesses von komplexen Produkten und Dienstleistungen. Top-Entscheider sind jedoch sind nicht an Bergen von Papier, nicht an schönen Präsentationen und nicht an kunstvollen Argumentationsketten interessiert. Wer sie erreichen will, muss ihre wahren Motive treffen: den Machterhalt und Machtausbau in vielerlei Ausprägung mit Hilfe von visionären (Kauf-)Entscheidungen.

Stephan Heinrich
Verkaufen an Top-Entscheider
Wie Sie mit Vision Selling
eine hoch attraktive Zielgruppe
gewinnen
2007. ca. 170 S.
Geb. ca. EUR 34,00
ISBN 978-3-8349-0642-7

Wie Sie Messen wirklich nutzen

"Erfolgreich akquirieren auf Messen" zeigt, wie Sie realistische Messeziele festlegen, die Messe organisieren und planen, dort professionell mit potenziellen Kunden kommunizieren und mit der Nacharbeit für nachhaltige Resultate sorgen. Neu in der 2. Auflage: ein Kapitel zum Thema Methoden und Instrumente zur erfolgreichen Messeakquise. Ein echter Praxisratgeber mit nützlichen Checklisten!

Dirk Kreuter
**Erfolgreich akquirieren
auf Messen**
In fünf Schritten zu neuen Kunden
2., überarb. u. erw. Aufl. 2007.
168 S.
Br. ca. EUR 26,90
ISBN 978-3-8349-0580-2

Praxisleitfaden für den erfolgreichen B2B-Verkauf

Dieser Praxisleitfaden fokussiert auf die besonderen Herausforderungen im B2B-Vertrieb. Durch eine systematische Kundenanalyse und eine gründliche Wettbewerbsanalyse, die sich konkret auf den Kunden bezieht, lassen sich neue Geschäftspotenziale identifizieren. Der Aufbau eines systematischen Beziehungsmanagements wird ebenso detailliert behandelt wie das konkrete Verkaufsgespräch beim Kunden. Mit zahlreichen Checklisten, praktischen Tipps und Downloads im Internet.

Hartmut Sieck, |
Andreas Goldmann
Erfolgreich verkaufen im B2B
Wie Sie Kunden analysieren,
Geschäftspotenziale entdecken
und Aufträge sichern
2007. ca. 176 S. Mit 17 Abb.
Geb. ca. EUR 34,90
ISBN 978-3-8349-0681-6

Änderungen vorbehalten. Stand: Juli 2007.
Erhältlich im Buchhandel oder beim Verlag.
Gabler Verlag . Abraham-Lincoln-Str. 46 . 65189 Wiesbaden . www.gabler.de

GABLER

Marketing für erfolgreiche Unternehmen

Rüstzeug für neue Herausforderungen im Marketing

Im Marketing zeichnen sich spannende Herausforderungen ab, die sich nachhaltig auf die Konzepte der Unternehmen auswirken werden – sei es die Entdeckung der Senioren als Kernzielgruppe, das Neuro-Marketing oder die neuen Entwicklungen des Web 2.0. Nur wer sich frühzeitig mit den entsprechenden Erfolgsfaktoren und Lösungskonzepten auseinander gesetzt hat, wird seine Marketing-Strategien und -Instrumente entsprechend ausrichten können. Dafür werden in diesem Buch konkrete Handlungsempfehlungen präsentiert.

Ralf T. Kreutzer
Die neue Macht des Marketing
Wie Sie Ihr Unternehmen mit Emotion, Innovation und Präzision profilieren
2007. ca. 256 S. Mit 40 Abb.
Geb.ca. EUR 39,90
ISBN 978-3-8349-0515-4

Die praktische Gebrauchsanweisung für alle, die neue Produkte einführen

Dieses Buch liefert erstmals eine systematische Gebrauchsanweisung, die den Marketingverantwortlichen Schritt für Schritt zeigt, wie sie die gezielte Suche nach neuen Produktideen, deren thematische Entwicklung und die planvolle Einführung gekonnt organisieren und steuern. Konkrete Beispiele und Checklisten erleichtern die Umsetzung in die eigene Praxis.

Rainer H.G. Großklaus
Neue Produkte einführen
Von der Idee zum Markterfolg
2007. ca. 256 S.
Geb. ca. EUR 42,00
ISBN 978-3-8349-0499-7

Erfolgreiche Positionierung und Vermarktung von Produkten und Dienstleistungen für Best Ager

Hans-Georg Pompe zeigt systematisch und an zahlreichen Unternehmensbeispielen, wie es gelingt, die Zielgruppen 50plus individuell und nachhaltig mit freundlicher Beratung, persönlicher Wertschätzung, Qualität und differenziertem "Made-for-me-Service" zu gewinnen und langfristig zu binden. Er macht zudem deutlich, wie dabei ein Umdenken und vor allem konsequentes Handeln bei Management, Produktentwicklung, Marketing und Vertrieb erfolgen muss.

Hans-Georg Pompe
Marktmacht 50plus
Wie Sie Best Ager als Kunden gewinnen und begeistern
2007. ca. 240 S. Mit 40 Abb.
Geb. ca. EUR 39,00
ISBN 978-3-8349-0565-9

Änderungen vorbehalten. Stand: Juli 2007.
Erhältlich im Buchhandel oder beim Verlag.
Gabler Verlag . Abraham-Lincoln-Str. 46 . 65189 Wiesbaden . www.gabler.de

GABLER